과학사 밖으로 뛰쳐나온 **천문 우주과학자들**

천재들의 과학노트

스콧 맥커천, 바비 맥커천 지음

김충섭(수원대학교 물리학과 교수) 옮김

천문 우주과학

7

천재들의 과학노트 ❼

천문 우주과학

초 판 1쇄 발행일 2007년 3월 28일
개정판 2쇄 발행일 2018년 8월 10일

지은이 스콧 맥커천, 바비 맥커천 **옮긴이** 김충섭
펴낸이 김지영 **펴낸곳** 지브레인Gbrain
편집 김현주 **삽화** 박기종
마케팅 조명구 **제작 · 관리** 김동영

출판등록 2001년 7월 3일 제2005-000022호
주소 (04021) 서울시 마포구 월드컵로 7길 433-48 2층
전화 (02)2648-7224 **팩스** (02)2654-7696

ISBN 978-89-5979-355-6 (04440)
978-89-5979-357-0 (04080) SET

• 책값은 뒷표지에 있습니다.
• 잘못된 책은 교환해 드립니다.

이 책을 먼 훗날 과학의 개척자들에게 바친다.

우리나라 대학 입시에 수학능력평가제도가 도입된 지도 벌써 10년이 넘었습니다. 그런데 우리나라의 수학능력평가는 제대로 된 방향으로 가고 있을까요?

제가 미국에서 교편을 잡고 있던 시절, 제 수업에는 수학이나 과학과 관련이 없는 전공과목을 공부하는 학생들이 많이 참가했습니다. 학기 첫 주부터 칠판에 수학 공식을 휘갈기면 여기저기에서 한숨 소리가 터져 나왔습니다. 하지만 학기 중반에 이르면 대부분의 학생들이 큰 어려움 없이 미분방정식까지 풀어 가며 강의를 잘 따라왔습니다. 나중에, 어떻게 그 짧은 시간에 수학 공부를 따라올 수 있었느냐고 물으면, 학생들의 대답은 한결같았습니다. 도서관에서 책을 빌려다가 독학을 했다는 것입니다. 이게 바로 수학능력입니다. 미국의 고등학생들은 대학에 진학해서 어떤 학문을 접하더라도 제대로 공부할 수 있는 능력만큼은 갖추고 대학에 진학합니다.

최근에 세상을 떠난 경영학의 세계적인 대가 피터 드러커 박사는 "21세기는 지식의 시대가 될 것이며, 지식의 시대에서는 배움의 끝이 없다"고 말했습니다. 21세기에서 가장 훌륭하게 적응할 수 있는 사람은 어떤 새로운 지식이라도 손쉽게 자기 것으로 만들 수 있고, 어떤 분야의 지식이든 소화할 수 있는 능력을 가진 사람일 것입니다.

이런 점에서 저는 최근 우리나라 대학들이 통합형 논술을 추진하고 있는 것이 매우 바람직한 일이라고 생각합니다. 학생들이 암기해 놓은 지식을 토해 놓는 기술만 습득하도록 하는 것이 아니라 여러 분야의 지식과 사고 체계를 두루 갖춰 어떤 문제든 통합적으로 사고할 수 있도록 하자는 것이 통합형 논술입니다.

앞으로의 학생들이 과학 시대를 살아 갈 것인 만큼 통합형 논술에서 자연과학이 빠질 리 없다는 사실쯤은 쉽게 짐작할 수 있을 것입니다. 그런데 자연과학은 인문학 분야에 비해 준비된 학생과 그렇지 않은 학생의 차이가 확연하게 드러납니다. 입시에서 차이란 결국 이런 부분에서 나는 법입니다. 문과, 이과의 구분에 상관없이 이미 자연과학은 우리 학생들에게 필수적인 과정이 되어 가고 있습니다.

자연과학적 글쓰기가 다른 분야의 글쓰기와 분명하게 다른 또 하나의 차이점은 아마도 내용의 구체성일 것입니다. 구체적인 사례와 구체적인 내용이 결여된 과학적 글쓰기란 상상하기 어렵습니다. 이런 점에서 〈천재들의 과학노트〉 시리즈는 짜임새 있는 기획이 돋보이는 책입니다. 물리학, 화학, 생물학, 지구과학 등 우리에게 익숙한 자연과학 분야는 물론이고 천문 우주학, 대기과학, 해양학과 최근 중요한 분야로 떠오른 '과학 · 기술 · 사회' 분야까지 다양한 내용이 담겨 있습니다. 각 분야마다 10명의 과학자와 과학이론에 대해 기술해 놓았으니 시리즈를 모두 읽고 나면 적어도 80여 가지의 과학 분야에 대한 풍부한 지식을 얻을 수 있는 것입니다.

기본적인 자연과학의 소양을 갖춘 사람이 진정한 교양인으로서 인정받는 시대가 오고 있습니다. 〈천재들의 과학노트〉 시리즈가 새로운 문화시대를 여는 길잡이가 되리라고 확신합니다.

최재천
(이화여대 에코과학부 교수)

이 시리즈를 펴내며

과학의 개척자들은 남들이 생각지 못한 아이디어로 새로운 연구를 시작한 사람들이다. 그들은 실패의 위험과 학계의 비난을 무릅쓰고 과학 탐구를 위한 새로운 길을 열었다. 그들의 성장 배경은 다양하다. 어떤 사람은 중학교 이상의 교육을 받은 적이 없었으며, 어떤 사람은 여러 개의 박사 학위를 받기도 했다. 집안이 부유하여 아무런 걱정 없이 연구에 전념할 수 있었던 사람이 있는가 하면, 어떤 이는 너무나 가난해서 영양실조를 앓기도 하고 연구실은커녕 편히 쉴 집조차 없는 어려움을 겪기도 했다. 성격 또한 다양해서, 어떤 사람은 명랑했고, 어떤 사람은 점잖았으며, 어떤 사람은 고집스러웠다. 그러나 그들은 하나같이 지식과 학문을 추구하기 위한 희생을 아끼지 않았고, 과학 연구를 위해 많은 시간을 투자했으며, 자신의 능력을 모두 쏟아 부었다. 자연을 이해하고 싶다는 욕망은 그들이 어려움을 겪을 때 앞으로 나아갈 수 있는 원동력이 되었으며, 그들의 헌신적인 노력으로 인해 과학은 발전할 수 있었다.

이 시리즈는 생물학, 화학, 지구과학, 해양과학, 물리학, STS(Science, Technology & Society), 우주와 천문학, 기상과 기후 등 여덟 권으로 구성되었다. 각 권에는 그 분야에서 선구적인 업적을 이룬 과학자 열 명의 과학 이론과 삶에 대한 이야기가 담겨 있다. 여기에는 그들의 어린 시절, 어떻게 과학에 뛰어들게 되었는지에 대한 설명, 그리고 그들의 연구와 과학적 발견, 업적을 충분히 이해할 수 있도록 하는 과학에 대한 배경지식 등이 포함되어 있다.

이 시리즈는 적절한 수준에서 선구적인 과학자들에 대한 사실적인 정보를 제공하기 위해 기획되었다. 이 시리즈를 통해 독자들이 위대한 성취를 이루고자 하는 동기를 얻고, 과학 발전을 이룬 사람들과 연결되어 있다는 유대감을 가지며, 스스로 사회에 긍정적인 영향을 미칠 수 있는 사람이라는 사실을 깨닫게 되기를 바란다.

머리말

천문학은 가장 오래된 과학이라고 할 수 있다. 물론 이 말에 이의를 제기하는 사람이 있을 수는 있다. 하지만 사람들은 수천 년 동안 지구상 어디에서나 밤하늘을 볼 수 있었고, 자신들의 머리 위에서 움직이는 별들을 관찰해 왔다. 어떤 사람은 오로지 별들의 아름다움에 도취되어서 바라보기만 했겠지만, 어떤 이는 시간과 계절에 따라 바뀌어 가는 행성과 별자리의 경로와 위치를 추적하며 그 속에 숨겨져 있는 자연의 질서와 계절의 변화를 읽어내려고 했다. 어떤 문명권에서는 밤하늘에 보이는 특정한 별 무리의 위치를 보고 씨를 뿌리거나 추수하는 때를 결정했다.

고대 이집트에서는 달력을 시리우스(견랑성, 겨울철에 보이는 큰개자리의 가장 밝은 별)가 출현하는 주기에 맞추었다. 이집트인들은 달력의 새해 첫날을 태양이 뜨기 직전 수평선상에 시리우스가 보이는 날로 정했는데, 그 이유는 시리우스가 출현하는 때에 나일 강이 범람했기 때문이었다. 이집트를 가로지르는 나일 강은 해마다 범람하여 상류로부터 비옥한 흙을 날라 주어 농사에 많은 도움을 주었기 때문에 나일 강이 범람하는 시기를 알아내는 것은 매우 중요한 일이었다. 그래서 나일 강이 범람하는 시기를 알아내기 위해 하늘을 관측한 그들은 해가 뜨기 전 시리우스가 동쪽 하늘에 나타나는 때가 바로 그때라는 사실을 알게 되었다. 이후 이집트인들은 이 별을 매우 신성하게 여기게 된다.

영국 남부지방에서는 큰 돌기둥이 원형으로 배열되어 있는 것을 볼 수 있다. 이것은 기원전 2900년경 고대 켈트족의 예언자들이 만든 것으로, 오늘날 학자들은 이 돌들이 하지와 동지를 알아내기 위해 천문학적 지점을 표시해 놓은 것이라고 추측하고 있다. 어떤 전문가들은, 스톤헨지Stonehenge(거석주군)라고 이름 붙여진 이 돌기둥들을 고대인들이 원하는 방식으로 배열하기까지 자그마치 1400년이라는 시간이 걸렸을 것이라고 주장한다. 어쨌든 현대의 많은 학자들은 스톤헨지가 단지 해와 달을 모신 신전이 아니라 일식이나 월식 같은 천문학적 현상을 알아낼 수 있는 기능을 가졌다고 생각하고 있다.

일식이나 월식을 통해 드러나는 불가사의한 현상에 주목한 이들은 고대 켈트족 예언자들만이 아니었다. 고대 중국 문명의 유적지에서 발견된 천체 관측 기록들은 중국인들이 일식을 예측하기 위해 별들의 움직임에 얼마나 촉각을 곤두세웠는지 잘 보여 준다. 고대 중국인들이 뼈나 거북이 등껍데기에 일식과 월식에 대해 기록한 시기는 기원전 13세기까지 거슬러 올라간다.

기원전 600년경 그리스인들은 당시 가장 발달된 문화를 이룩했고, 그들의 영향력은 지중해에 걸쳐 널리 퍼져 있었다. 그리스인들의 철학이나 수학에 대한 학문적 깊이는 다른 나라들을 훨씬 능가하는 수준에 이르렀고, 천문학에 관한 그들의 지식은 마야나 잉카 문명과는 달리 오늘날까지도 널리 전해지고 있다. 그리스인들의 천문학적 지식 가운데 당시에 보편화되어 있던 가설들 중 하나로, 우주의 천체가 지구를 중심으로 돌고 있다는 천동설을 들 수 있다.

반면 지구는 멈춰 있지 않고 움직인다는 지동설도 아리스타쿠스 같은 그리스인에 의해 처음 제기되었다. 하지만 그와 같은 생각은 지구에서 천체를 관측하는 입장에서는 쉽게 입증하기가 어려웠기 때문에 널리 보편화되지는 못했다. 따라서 우주가 지구를 중심으로 움직이고 있다는 천동설은 1500년 동안이나 사람들의 의식을 지배해 왔다. 그러나 16세기에 이르러 유럽인들이 보다 발달된 관측기구와 계산능력을 갖추게 됨으로써 이러한 생각은 커다란 변혁을 맞게 된다.

천문학은 단지 날짜를 계산하고 보다 정확한 달력을 만들기 위해 천체의 움직임을 추적하는 단순한 기술에 그치지 않는다. 오늘날 천문학은 다른 과학 분야로 확산되어 다양한 학문과 관련을 맺고 있다. 현대의 천문학은 다음과 같은 하위 분야를 포함한다.

· **천체물리학**: 우주의 물리학을 다룬다.
· **천체측정학**: 별과 행성의 위치, 운동 그리고 거리를 다룬다.
· **천체역학**: 뉴턴 물리학을 별과 행성에 적용하여 다룬다.
· **외부은하 천체물리학**: 우리은하 바깥의 은하 물리학을 다룬다.
· **이론 천체물리학**: 일반상대론과 우주론을 다룬다.
· **행성 천문학**: 행성들의 특성을 이론적으로 모델링하는 것을 다룬다.

〈천재들의 과학노트〉 시리즈 가운데 이 책은 천문학의 혁명을 불러온 태양중심설로부터 시작하여 각기 다른 방법으로 현대 천문학의 발전에 공헌한 10명의 과학자들에 대한 내용을 담고 있다. 태양이 태양계의 중심이라는 사실은 폴란드의 천문학자 니콜라스 코페르니쿠스가 1543년 《천구의 회전에 대하여》라는 책을 출간함으로써 공개적으로 발표했다. 하지만 그의 의견은 이후 100년이 넘는 시간이 지나도록 받아들여지지 않았다.

그러나 르네상스 시기에 그동안 인간의 의식을 지배해 온 오랜 선입견에 변화를 가져오는 수많은 아이디어들이 탄생했다. 1500년대 중반 덴마크의 천문학자 티코 브라헤는 유럽에서 가장 큰 천문대를 세우고 오로지 육안으로 관측하면서도 밤하늘의 별과 행성들의 위치를 측정할 수 있는 환상적인 장비를 개발함으로써 천체관측 기술에 혁명을 불러온다(인류 최초의 망원경은 거의 40년 뒤에야 등장한다).

망원경이 발명된 후 우주에 관한 지식은 한층 빠른 속도로 발전을 거듭한다. 처음 망원경을 고안한 사람은 17세기 초의 덴마크 과학자 한스 리페르세이였다. 하지만 이 망원경은 형태와 기능이 매우 조잡했다. 갈릴레오 갈릴레이가 리페르세이의 망원경을 개조함으로써 인류는 드디어 제대로 된 망원경을 얻을 수 있었다. 처음으로 갈릴레이가 목성의 달을 관측하고 코페르니쿠스의 학설을 지지하는 확실한 증거들을 찾아냄으로써 태양계에 관한 통념을 바꾸었다.

비슷한 시기에 독일의 천문학자 요하네스 케플러는 행성들이 그 당시의 사람들이 믿고 있던 것처럼 원 궤도를 그리며 돌고 있는 것이 아니라 타원 궤도를 따라 움직인다는 사실을 증명함으로써 태양계 역학에 혁명을 몰고 왔다. 케플러는 티코 브라헤가 기록한 난해한 육안 관측에 기초하여 오늘날 행성 운동에 관한 케플러의 3법칙이라 알려진 공식을 찾아낸다.

그로부터 100년 후 18세기에는 아프리카계 미국인 농부인 벤저민 배네커가 천문학을 독학으로 공부하여 처음으로 천문역표를 출간하는 아프리카계 미국인이 된다. 독일 태생의 영국 천문학자 윌리엄 허셀 경은 1700년대 후반부터 1800년대 초반까지 활동하면서 별의 속성을 연구하고 체계를 세워 항성천문학의 개척자가 된다. 또한 뛰어난 망원경을 개발하여 천왕성과 오리온성운을 발견했다.

지구에서 망원경을 통해 우주를 관측하며 연구하는 한계를 넘어 우주 공간에서 직접 탐사를 할 수 있는 가능성을 연 사람은 1900년대 초의 미국 물리학자 로버트 고다드였다. 그는 상당히 높은 고도에 도달할 만큼 충분한 추진력을 갖춘 액체 추진 로켓을 발명함으로써 꿈같은 일의 실현 가능성을 제시했다. 그로부터 몇 년 후 독일의 물리학자 베르너 폰 브라운이 처음으로 유도탄미사일 개발에 성공해 인간을 우주의 궤도에 올리는 선구적 연구를 이루어낸다. 그는 지금까지 만들어진 가장 큰 슈퍼부스터인 새턴 V를 설계하여 사람을 달로 보내게 된다.

20세기에 들어와 우주여행에 관한 아이디어는 현실이 되고 우주과학이라는 새로운 학문이 탄생된다. 1950년대 초에 미국의 천문학자 칼 세이건은 우주에서 생명의 흔적을 과학적으로 탐사하는 우주생물학을 일으키는 데 큰 역할을 한다. 그는 '외계인'이라는 추상적인 생명체에 대한 연구를 진지한 과학으로 승화시켜 대중적으로도 큰 유명세를 떨쳤다.

우주 공간에서 생명을 찾는 일은 광활한 우주의 크기를 생각하면 결코 만만한 작업이 아니다. 그리고 우주의 광대함에 숨겨져 있는 사실들은 우리가 이해할 수 있는 범위의 폭을 훨씬 넘어서는 것들이다. 하지만 우주의 법칙을 이해하려는 우주론자는 분명히 존재한다. 그가 바로 스티븐 호킹이다. 우리 시대의 최고의 과학자로 꼽히는 호킹은 응용수학을 이용하여 블랙홀의 존재와 특성을 확인해 우주에 관한 생각에 혁명을 불러왔다. 또한 우주의 양자적 기원에 대한 선구적인 연구를 수행했고, 현재 양자역학과 중력을 물리학 통일이론으로 통합하는 작업을 진행 중이다. 그는 우주의 기원을 설명하는 현대 빅뱅이론의 주요한 지지자 가운데 한 사람이기도 하다.

대부분의 사람들은 천문학이라는 학문이 지닌 광범위함과 우주 공간의 광활함에 혀를 내두른다. 하지만 어떤 이들은 바로 그렇기에 천문학과 우주에 더욱 큰 매력을 느끼고 그것에 대해 알고자 갈망한다. 지칠 줄 모르는 탐구욕을 지닌 그들은 인류가 별과 우주에 대해 보다 폭넓은 이해를 갖도록 하는 모험가이다. 바로 당신도 그들 중 한 사람이 될 수 있다.

차례

Chapter
6

Chapter
7

Chapter
8

Chapter
9

Chapter
10

"코페르니쿠스는 지동설을
입증하는 수학적 증거를
밝힘으로써
인류의 사고에
혁명을 불러왔다."
태양

Chapter 1

천상의 비밀을 엿본 르네상스의 천문학자,

니콜라스 코페르니쿠스

Nicholas Copernicus
(1473~1543)

근대 천문학의 창시자

니콜라스 코페르니쿠스는 폴란드의 천문학자이자 성직자로, 근대 천문학의 창시자로 알려져 있다. 그는 태양이 우주의 중심에 있다는 태양 중심 체계를 다른 사람들이 이해할 수 있도록 처음 소개함으로써 우주에 관한 오랜 통념을 뒤흔들었다.

태양중심설 태양이 우주(태양계)의 중심이라고 생각하는 학설. 지구가 움직인다는 생각에서 지동설이라고도 한다.

코페르니쿠스가 **태양중심설**을 주장하기 전까지 유럽 사람들은 지구가 태양계의 중심에 있다고 생각해 왔다. 지구가 태양계의 중심이라고 생각하는 우주관을 흔히 프톨레마이오스 체계라고 하는 이유는 고대 그리스의 학자인 프톨레마이오스가 고대로부터 전해 온 지구 중심 체계를 종합적으로 정리하여 책으로 펴냈기 때문이다. 프톨레마이오스 체계에 따르면 지구가 우주의 중심에 고정되어 있고 해와 달을 비롯한 그 밖의 모든 천체가 지구 주위를 돌고 있다. 따라서 이것을 천동설 체계라고 부르기도 한다.

코페르니쿠스의 위대함은, 지구가 우주의 중심이라는 생각이 상식으로 통용되던 시대에 그러한 생각을 완전히 뒤엎는 전혀 새로운 천문학 이론을 주장한 점에 있다. 코페르니쿠스가 살던 시대의 유럽은 가톨릭교회의 지배를 받고 있었다. 그러한 시대에 교회가 '진리'라고 내세우는 것에 반기를 들거나 다른 주장을 편다는 것은 무척 위험한 일이었다. 자칫 잘못하다가는 신을 불경시하는 이단으로 간주되어 화형대에서 처참한 죽음을 당할 수도 있기 때문이었다. 당시 교회는 프톨레마이오스 체계인 천동설을 진리라

고 가르치고 있었다. 그러나 중세시대가 서서히 막을 내리면서 유럽 사회는 조금씩 변하고 있었고, 사람들은 지금까지 의심 없이 믿어 왔던 것들에 대해 의혹을 갖기 시작했다. 르네상스라는 새로운 사회적 물결의 한가운데에 서게 되면서 자유로운 사상이 전파되었고, 그와 더불어 고대와 중세 초기 철학자들에 의해 쓰이고 교회가 수용했던 '진리'로부터 벗어나려는 움직임 속에 혁명적인 사상가들의 선두에 코페르니쿠스가 있었다.

특별했던 어린 시절

코페르니쿠스의 생애에 대해서는 그다지 알려진 것이 없어 역사적 기록들에 흩어져 있는 자료들을 바탕으로 흐릿하게나마 재구성할 수 있을 뿐이다.

코페르니쿠스는 1473년 2월 19일 폴란드 토룬의 상류층 귀족 가문에서 4형제의 막내로 태어났다. 니콜라스 코페르니쿠스는 라틴식 이름으로, 본명은 그의 아버지와 이름이 같은 니클라스 코페르니크Niclas Koppernigk이다.

코페르니쿠스의 아버지는 폴란드 크라코프에서 이주해 온 상인으로, 사업을 통해 큰 재산을 모았으며 토룬의 행정장관을 지내기도 했다. 어머니 바르바라 바첸로데는 토룬의 부유한 상인 집안 출신이었다.

코페르니쿠스가 열 살 때 그의 아버지가 세상을 떠나고 그 뒤로는 외삼촌 루카스 바첸로데가 코페르니쿠스와 형제들의 뒤를 돌보아 주었다. 외삼촌 루카스는 프러시아 에름란드 지역에 있는 프라우엔부르그 대성당의 수사신부였다. 코페르니쿠스는 토룬에 있는 세인트존스 학교를 다니다가 토룬 외곽에 있는 월록크라웩 주교좌 성당 학교로 옮겼다.

1489년, 외삼촌 루카스가 에름란드의 주교 자리에 올랐다. 당시 주교는 정치적으로도 상당한 영향력을 지니고 있었기 때문에 루카스는 에름란드의 통치자나 다름이 없었다. 덕분에 코페르니쿠스는 탄탄한 장래를 보장받게 된다.

코페르니쿠스가 열여덟 살이 되자(1491년), 외삼촌 루카스는 그를 대학에 입학시키기 위해 크라코프로 데리고 갔다. 당시 크라코프는 폴란드 내에서 꽤 번창한 도시였다. 코페르니쿠스는 크라코프 대학에서 의학, 라틴어, 수학, 천문학, 지질학, 철학, 교회법 등을 공부했다. 이와 같은 학문들은 코페르니쿠스가 교회에서 봉사하기 위해 꼭 필요한 것들이었고, 장차 그의 안락한 삶을 보장해 주는 것이었다. 이런 사실들로 미루어 보아 코페르니쿠스는 어릴 때부터 경제적으로 넉넉한 환경 속에서 유복하게 자랐음을 알 수 있다.

천문학에 이끌리다

오늘날 과학은 여러 가지 다양한 학문으로 세분화되어 있고, 각각의 독립된 학문으로 자리 잡고 있다. 하지만 15세기 대학에서 가르친 과학은 독립된 교과목이 아니라 예술교육의 일부에 불과했다. 당시의 과학이라고 해 봐야 점성술에 가까운 천문학이 거의 전부였다.

천문학은 주로 성직자들이 교회 축일을 지키기 위해 고안된 달력을 유지하고 보전하기 위한 목적으로 배우는 교과목일 뿐이었다.

코페르니쿠스가 다니던 크라코프 대학의 교수들 가운데 알베르트 브루체프스키라는 폴란드인 수학자가 있었다. 코페르니쿠스가 브루체프스키 교수의 수업을 들었다는 역사적 증거는 없지만, 브루체프스키가 코페르니쿠스를 천문학의 길로 이끌고 천문학적 지식을 쌓는 데 큰 영향을 끼쳤다고 알려져 있다. 하지만 브루체프스키 교수는 프톨레마이오스와 아리스토텔레스, 그리고 무엇보다도 교회가 받아들여 진리로 내세우던 지구 중심의 우주관(천동설)을 신봉하던 사람이었다.

변화의 필요성을 인식하다

지구가 우주의 중심에 있다고 보는 프톨레마이오스 체계는 거의 1500년 동안 아무런 의심 없이 받아들여졌다. 하지만 극히 소수의 사람들은 이 같은 상식에 일말의 의혹을 품기도 했다.

유럽인들은 우주는 거룩한 신의 이름 아래 완전하다고 믿었다. 그들이 생각하기에 완전한 존재인 신이 우주를 창조했으니 우주 역시 완전한 것은 당연한 일이었다. 그런데 코페르니쿠스가 볼 때 프톨레마이오스 체계에는 못마땅한 점이 있었다. 프톨레마이오스 체계에서 지구는 우주의 중심에 있는 것이 아니라 중심에서 약간 벗어난 위치에 있었기 때문이다(37쪽 프톨레마이오스 모델의 세 번째 그림

참조). 우주가 완전하다면, 어째서 프톨레마이오스 체계에서 지구는 중심에서 벗어난 위치에 놓여 있을까? 코페르니쿠스가 생각하기에 그것은 결코 완전한 것이 아니었다. 이러한 점은 학자들이 지구 중심 체계에 의혹을 품은 가장 큰 원인이 되었다. 때문에 언젠가 누군가는 반드시 이것을 바로잡아야 했다. 그리고 그 '누군가'는 바로 코페르니쿠스 자신이었다.

지난 수세기 동안 천체를 관측하는 기술은 속도가 더뎠지만 꾸준히 진보해 왔다. 그리고 코페르니쿠스 시대에 와서 계절을 예측하는 데 쓰이는 프톨레마이오스 달력이 한 달씩이나 늦는다는 사실이 알려지기 시작했다. 코페르니쿠스는 심기가 불편했다. 만일 프톨레마이오스의 계산을 그대로 사용한다면, 달은 때에 따라 크기를 바꿔야 하고 또 때로는 프톨레마이오스 모델과 맞추기 위해 멈추기도 해야 했다. 코페르니쿠스로서는 이와 같은 불일치를 도저히 받아들일 수가 없었다. 코페르니쿠스는 새로운 달력을 만들어야 한다고 생각했다. 새로운 달력을 만들기 위해서는 우주의 구조에 대한 보다 완전한 모델을 찾아야 했다. 아직 인류는 천체의 운동에 대해서 완전하게 파악하지 못한 것이 분명했기 때문이다.

코페르니쿠스가 이러한 결점을 바로잡는 작업을 시작했을 때 그는 프톨레마이오스 체계에 도전하겠다는 생각 따위는 추호도 하지 않았다. 다만 프톨레마이오스 체계에서 사용되는 수학적 체계가 완전해지도록 수학적 계산을 수정하려는 것뿐이었다. 하지만 이 과정에서 코페르니쿠스는 프톨레마이오스 체계에 부분적인 수정을 가하는 것이 아니라 근본적인 변화가 필요하다는 사실을 알았다.

새로운 관측과 계산의 시작

1496년, 코페르니쿠스가 대학에 입학한 지 5년이 지났을 때 외삼촌 루카스는 교회법 공부를 위해 코페르니쿠스를 크라코프 대학에서 이탈리아 볼로냐 대학으로 편입시킨다. 그리고 이듬해 코페르니쿠스에게 프라우엔부르그 교회의 임원직을 제안했다. 그 자리는 막대한 재산을 모을 수 있는 요직이었다. 코페르니쿠스는 볼로냐 대학에 남아서 프톨레마이오스의 이론에 대해 더 공부할지, 아니면 외삼촌의 제안을 따를지 고민에 빠졌다.

코페르니쿠스는 천체를 관측하기보다는 혼자 방에 틀어박혀 천체의 움직임을 계산하는 것을 더 좋아했다. 하지만 그는 자신의 눈으로 천체의 움직임을 확인하는 것이 필요하다는 사실을 깨닫고 노바라라는 교수의 집 지붕에서 자신만의 천체 관측을 시작했다.

1497년 3월 9일, 코페르니쿠스는 알데바란Aldeberan(겨울철 황소자리에서 볼 수 있는 붉은색을 띠는 일등성)이라는 별과 달을 관측한다. 그의 천문학에 대한 열의는 단지 천체를 관측하는 것에 그치지 않았다. 천문학과 관련한 모든 이론을 알고 싶어 했던 코페르니쿠스는 프톨레마이오스와 아리스토텔레스의 이론은 물론 태양이 우주의 중심이라고 주장했던 아리스타쿠스와 필롤라오스(기원전 475~?)의 이론까지 접하게 되었다.

1500년에 코페르니쿠스는 로마를 방문해 수학을 강의했는데, 때마침 일어난 월식을 관측할 수 있었다. 그는 1년 가까이 로마에 머문 뒤 프라우엔부르그로 가서 평의원 주교 취임식을 치렀다. 그로부터 얼마 후 로마의 파도바 대학에 자리 잡았다. 의학 공부를 하는 한편 틈나는 대로 천문학 공부를 계속하기 위해서였다.

1503년에 코페르니쿠스는 페라라 대학으로 다시 옮겨 마침내 교회법 박사 학위를 받은 뒤 다시 파도바 대학으로 돌아가 의학 공부를 마쳤다. 1506년 전쟁이 일어나자 그는 에름란드로 돌아가기로 결정한다.

태양 중심 체제가 과학적 혁명으로 기록되다

에름란드에서 코페르니쿠스는 프라우엔부르그 대성당의 수사신부로 지냈지만, 노년기에 접어든 외삼촌 루카스의 주치의와 비서 역할을 하는 데 더 많은 시간을 보냈다. 코페르니쿠스는 프라우엔부르그에서 동남쪽으로 64킬로미터 정도 떨어진 하일스버그에 있는 성에 거처를 정했다.

이후 6년 동안 코페르니쿠스는 외삼촌의 일을 도왔다. 하지만 그 기간에도 기하학적으로 천체의 움직임을 계산하는 일을 멈추지 않았다. 그는 자신이 발견한 것을 기록하고 계산하고 또 다시 검토하는 과정을 통해서 마침내 아름답고도 단순한 수학적 체계를 고안해 내게 된다. 마침내 태양을 우주의 중심에 두는 올바른 태양계 모델을 찾아낸 것이었다. 하지만 문제가 있었다. 그가 고안한 태양계 모델은 교회가 내세우는 '진리'에 위배되는 것이었다. 코페르니쿠스는 자신의 계산이 옳다는 것을 알았지만, 이단으로 몰리는 것이 두려워 발견한 사실을 공표하려 하지 않았다.

1512년경 코페르니쿠스는 자신의 새로운 학설에 대한 간략한 개요를 적은 코멘타리오루스Commentariolus('간단한 논평'이라는 뜻)를 완성한다. 하지만 그것이 교회의 심기를 건드릴 것은 불을 보듯 뻔한 일이었기 때문에 코페르니쿠스는 정식으로 출간하지 않고, 서명하지 않은 필사본을 만들어 믿을 만한 동료 몇 사람에게만 돌렸다. 오코노와 로버트슨이 쓴 〈니콜라스 코페르니쿠스〉라는 성 앤드류 대학의 역사 논문에 따르면, 그 책에는 다음과 같은 7개의 원리와 법칙이 포함되어 있었다고 한다.

- 우주에는 어떤 중심도 없다.
- 지구의 중심은 우주의 중심이 아니다.
- 태양계의 중심은 태양 근처에 있다.
- 지구부터 태양까지의 거리는 별들까지의 거리에 비하면 비교할 수 없을 만큼 짧은 거리이다.
- 지구의 자전이 별들의 겉보기 일주운동(천체가 하루 동안 돌아가는 운동)을 설명해 준다.
- 태양의 운동에 있어서 1년간의 순환주기는 지구가 태양 주위를 공전함으로 인해 일어나는 것이다.

• 행성들의 역행은 운동하는 지구 위에서 관측하기 때문에 기인되는 것이다.

코페르니쿠스가 만든 코멘타리오루스는 언젠가 자신이 출간할 본격적인 책의 개요였다. 그 책이 바로 코페르니쿠스 필생의 역작인 《천구의 회전에 대하여》로, 1543년에 출간된다.

1512년 오랫동안 코페르니쿠스의 뒤를 돌보아준 외삼촌 루카스

가 세상을 떠났다. 이 일은 코페르니쿠스에게 삶의 전환점을 마련하는 계기가 되었다. 그동안 전적으로 외삼촌에게 의지해서 살아왔던 그가 이제는 자신의 힘으로 삶을 꾸려나가야 했기 때문이다. 그해에 코페르니쿠스는 자신의 원래 직업이었던 프라우엔부르그 대성당의 수사신부 자리로 돌아갔다. 그리고 천체를 관측하기 위해 작은 탑에 거처를 정했다.

프라우엔부르그에 머무는 동안 코페르니쿠스는 자신의 역작인 《천구의 회전에 대하여》를 집필하는 일에 몰두한다. 이 책은 자신의 태양중심설(지동설)을 뒷받침하는 복잡한 천문학 계산을 담고 있었다. 코페르니쿠스는 늘 바쁜 일상에 쫓겼기 때문에 원고를 마무리하기까지는 여러 해가 걸렸다.

1516년 코페르니쿠스는 알렌스티엔과 멜사크라는 두 변경 지방의 행정관으로 발령을 받아 알렌스티엔 성으로 거처를 옮겼다. 하지만 프러시아의 게르만 기사들과 폴란드 사이에 벌어진 전쟁 때문에 1519년 다시 프라우엔부르그로 돌아갔다. 그곳에 있는 동안 그는 대성당 벽의 성채 뒤에 몸을 숨긴 채 계속해서 천체를 관측했다. 그리고 이듬해에 두툼한《천구의 회전에 대하여》 원고 수정본을 완성했다.

1521년 전쟁이 끝날 기미가 보이자 코페르니쿠스는 에름란드 지방의 통제위원으로 임명받았다. 그뒤 몇 해 동안 그는 에름란드 지방의 통치와 재정 문제에 대부분의 시간을 바치며 보냈다. 절친한 친구이자 동료 수사신부였던 티데만 기에세가 그의 버팀목이 되어 주었다. 행정관으로 일하는 동안 물건을 사고파는 일에서 화폐의 중요성을 깨달은 그는 전쟁이 끝난 뒤에 일어난 경제적 문제에 깊이 관여하기도 했다.

종교적 악평

1520년대 후반부터 1530년대 초반까지 코페르니쿠스는 천체의 움직임에 관한 자신의 이론 때문에 교회와 마찰을 빚는다. 당시 '천구의 회전에 대하여'는 많은 사람들에게 전해지기는 했지만 아직 정식으로 출판이 되지는 않은 상태였다.

코페르니쿠스는 뛰어난 의사로 명성이 높았음에도 은둔 생활을 하며 사회로부터 동떨어진 삶을 살고 있었다. 그의 친구와 가족 대부분이 이미 세상을 떠났기 때문이었다. 그리고 그가 헌신해 왔던 교회는 지동설에 대해 비판을 늘어놓을 뿐이었다.

당시 가톨릭교회의 라이벌 위치에 있었던 신교(기독교)마저도 코페르니쿠스를 비판하는 입장을 취했다. 뿐만 아니라 신교를 세운 독일의 신학자 마틴 루터나 또 다른 신학자 필립 멜란크손 역시 코페르니쿠스를 비판하는 일에 공공연히 앞장섰다. 그들의 입장에서도 코페르니쿠스의 이론은 이단의 가르침으로 여겨졌기에 그러한 생각이 펴져 나가는 것을 원하지 않았다. 교회의 비판을 따라 일반인들도 코페르니쿠스를 추문하는 데 가세하고, 그의 이론을 조롱하기까지 했다.

그러나 모든 상황이 코페르니쿠스에게 불리하게 돌아가는 것만은 아니었다. 여기저기에서 코페르니쿠스의 새로운 사상을 이해하고 받아들이려는 사람들이 나타나기 시작한 것이다. 1533년에 들어서면서 교황청의 장교 가운데 한 사람인 존 위더만스타드는 교황 클레멘트 7세와 몇몇 추기경들에게 코페르니쿠스의 이론에 힘을 실어주는 연설을 하기도 했다. 1536년에는 추기경 니콜라스 폰 숀베르그가 코페르니쿠스에게 편지를 보내 그의 이론에 찬사를 보내고 원고를 정식으로 출판할 것을 청하기도 했다. 하지만 코페르니쿠스는 숀베르그의 요청을 따르지 않았다.

여러 가지 추문이 그를 둘러싸고 있었지만 정작 코페르니쿠스 자신은 의학을 공부하는 데 몰두해 있었다. 그의 의술이 점점 널리 퍼져 나가자 그는 천문학자보다는 의사로서 명성을 쌓기 시작했다. 코페르니쿠스는 에름란드의 주교인 마티우스 페버를 진찰하기 위해 자주 방문했는데, 높은 관직에 있는 사람을 돌보는 일은 의사로서는 더할 수 없는 영예였다. 뿐만 아니라 1538년에 페버의 뒤를 이어 주교가 된 단티스쿠스 역시 코페르니쿠스에게 자신의 건강을 맡겼다. 프러시아의 알버트 경 또한 자신의 고문인 게오르그 폰 쿤하임이 앓아눕자 코페르니쿠스에게 돌보게 했다. 코페르니쿠스는 많은 환자들의 병을 돌보며 여태껏 어느 의사도 누리지 못한 명성을 쌓았다.

코페르니쿠스의 유산

1539년, 어떤 수학자가 사전에 아무런 소식도 전하지 않은 채 프라우엔부르그에 있는 코페르니쿠스의 거처를 방문했다. 그의 이름은 게오르그 요아킴이었지만, 레티쿠스라는 이름으로 더욱 잘 알려져 있었다. 레티쿠스는 그의 고향인 '레티아Rhaetia에서 온 사람'이란 의미를 지니고 있다. 그가 코페르니쿠스를 찾아온 목적은 코페르니쿠스가 주장한 새로운 이론에 대해 더 많은 정보를 얻기 위해서였다. 레티쿠스는 열렬한 신교도 학교인 비텐베르그 대학의 수학 교수였다.

신교도인 레티쿠스를 구교도인 코페르니쿠스는 거절할 수 있었지만 코페르니쿠스는 자신의 이론을 지지하는 레티쿠스를 문전박대할 수가 없었다.

레티쿠스는 거의 완성 단계에 다다른 코페르니쿠스의 원고를 연구하기 시작해 몇 달 뒤 코페르니쿠스의 이론을 재정리한 책《첫 출판First Account》을 자신의 스승인 조안 쇼너에게 보냈다. 이 책은 코페르니쿠스의 허락 아래 1540년에 출판되었다.

레티쿠스가 출판한《첫 출판》에 용기를 얻은 코페르니쿠스는 결국 그토록 미루어 왔던 자신의 책을 출판하기로 결정했다.

책의 첫 번째 장에는 1536년 책을 출판하도록 용기를 북돋아 주었던 로마 교황청의 추기경 니콜라스 폰 쇤베르그의 편지를 실었다. 나머지 부분에는 태양 중심의 태양계와 자신의 이론을 충분히 뒷받

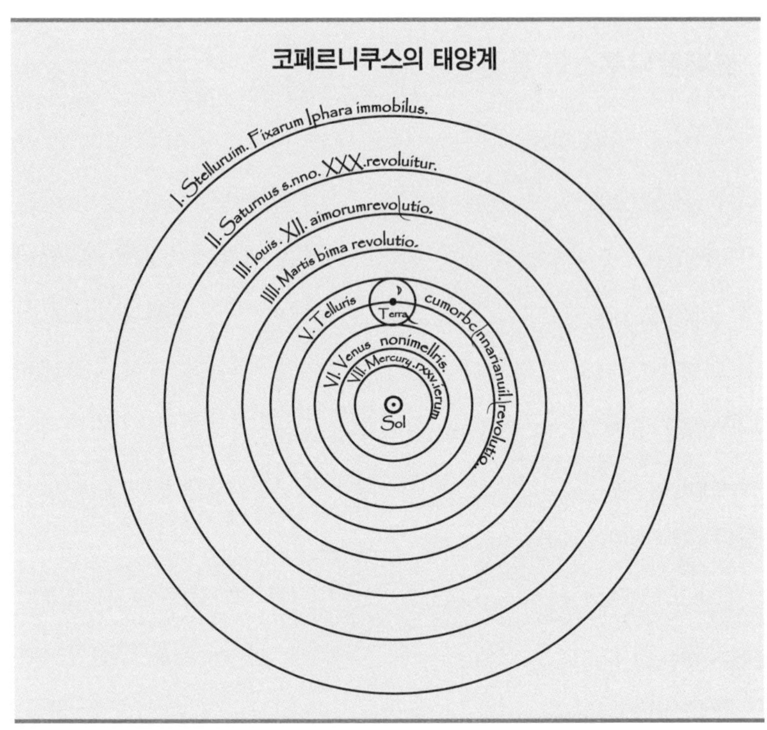

코페르니쿠스의 저서인 《천구의 회전에 대하여》에 실려 있는 태양계 도해.

침하는 행성들의 움직임에 관한 계산을 실었다.

이 책은 왜 태양이 태양계의 중심에 있어야 하는지에 대한 많은 이유를 들고 있다. 프톨레마이오스가 내세운 가설과는 달리 코페르니쿠스의 이론에서 나타낸 행성의 위치는 우리가 관측하는 위치에서 봤을 때의 행성 위치와 정확하게 맞아 떨어졌다. 뿐만 아니라 이 새로운 이론에 의하면 날짜가 어긋나는 것을 억지로 꿰맞추기 위해 달의 크기를 조정할 필요가 없었고, 모든 천체의 궤도 역시 중심에서 벗어날 필요가 없었다. 때문에 달력의 정확도도 향상될 수 있었다.

레티쿠스는 이 책의 정식 출판을 위해 누렘베르그에 있는 존 페트리우스에게 조언을 구하는 등 많은 일을 도맡아 했다. 하지만 레티쿠스가 라이프치히 대학으로 옮겨 가게 되면서 도중하차하고 대신 앤드류 오시안더라는 또 다른 신교도가 출판 감독 일을 맡았다.

1542년 말, 코페르니쿠스는 갑작스러운 발작으로 쓰러진 뒤 생명은 건졌지만 몸의 일부가 순간적으로 경직되는 뇌졸중에 시달려야 했다. 유능한 의사인 비카르 파비안 에머리히가 그를 돌봤지만, 누가 보더라도 코페르니쿠스 생명은 얼마 남지 않은 상태였다.

당시 레티쿠스로부터 출판 감독 일을 넘겨받은 오시안더는 커다란 고민에 빠져 있었다.《천구의 회전에 대하여》에 실린 코페르니쿠스의 이론이 혁명적인 것이기는 했지만 교회가 신봉해 온 프톨레마이오스의 이론과 정면으로 배치하는 것이어서 교회와의 마찰을 피해 갈 수 없었기 때문이었다. 병이 위중했던 코페르니쿠스가 반대할 만한 입장이 아니었기 때문에 오시안더는 책이 출판되기 전에 자신이 직접 쓴 서문을 삽입했다. 그리고 오랫동안 이 책의 독자들은 오시안더의 서문을 코페르니쿠스가 쓴 것이라고 잘못 생각해 왔다.

조지 아벨은 자신의 책《우주의 탐사》(1969년)에서 이렇게 언급하고 있다.

아무런 서명도 하지 않고 쓴 그 책의 서문에서 오시안더는, 과학이 단지 추상적인 가설일 뿐이며 이 책에서 언급한 이론은 다만 편리한 계산 방법일 뿐이라고 표현하고 있다.

오시안더는 서문에서 책의 내용을 폄하함으로써 교회의 분노를 피하고자 했던 것이다.

《천구의 회전에 대하여》에 삽입된 서문을 쓴 사람이 코페르니쿠스가 아니라 오시안더였다는 사실을 밝혀낸 사람은 독일의 천문학자 요하네스 케플러였다.

1543년 5월, 정신적으로나 육체적으로 많이 지쳤던 니콜라스 코페르니쿠스는 힘겹게 숨을 토하며 임종의 순간을 기다렸다. 그의 손에는 자신의 역작인《천구의 회전에 대하여》가 들려 있었다.

얼마 지나지 않아 코페르니쿠스는 뇌출혈로 숨을 거두었다.

천문학의 간략한 역사

코페르니쿠스가 혁명적인 아이디어를 내놓기 전까지는 아리스토텔레스와 프톨레마이오스 같은 고대의 철학자들이 내세운 학설인 지구 중심 태양계 체계(프톨레마이오스 체계, 흔히 천동설이라고 한다)가 사실로 받아들여져 왔다.

프톨레마이오스의 가장 간단한 모델

가장 간단한 모델에서 프톨레마이오스는 처음 각 행성들이 항성구 안에서 균일한 원 운동을 하며 지구 주위를 돌고 있다고 기술하고 있다.

천구 그 중심에 지구가 주재하는 것으로 보는 모든 천체가 들어 있는 무한한 가상의 구

프톨레마이오스의 이심원

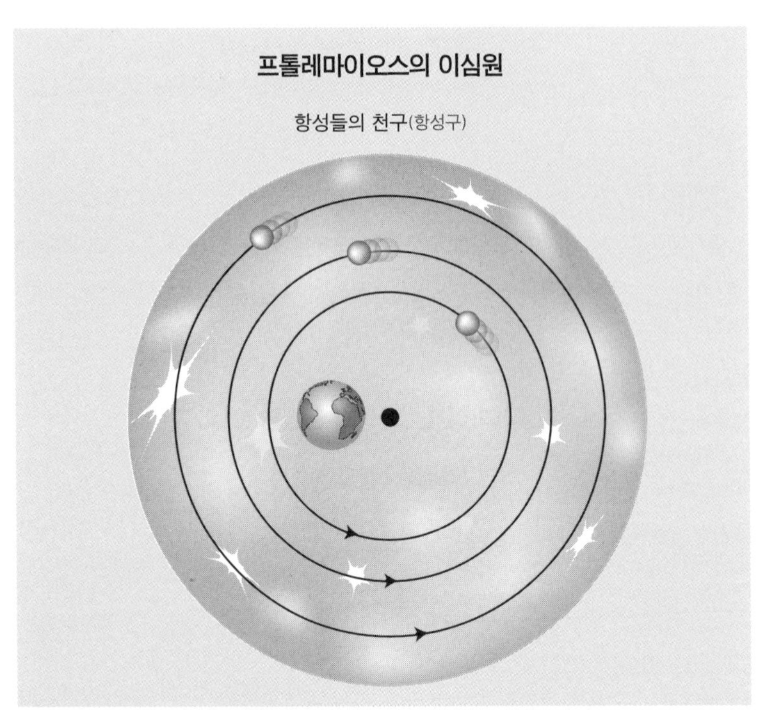

프톨레마이오스는 지구 중심 체계에 관한 자신의 간단한 모델을 수정함으로써 행성들의 운동에서 관측된 오차의 수정을 시도하고 있다. 그는 (고정된) 지구를 중심에서 어긋나게 놓고 행성들은 여전히 중심 주위를 일정한 속도로 원운동하는 것으로서 해결하려고 했다. 하지만 이러한 체계 역시 만족스럽지 못한 것이었다.

코페르니쿠스가 지동설을 주장하기 전에도 이와 같은 생각을 가진 사람들이 있었다. 예를 들면, 그리스의 철학자인 사모스 섬의 아리스타쿠스는 태양이 지구 주위를 도는 것이 아니라 지구가 태양 주위를 돈다고 주장했다. 그러나 이에 대한 실제적인 증거가 없었기 때문에 그의 학설은 받아들여지지 않았고, 그 대신 프톨레마이오스의 복잡한 체계가 거의 1500년 동안이나 지속적으로 인정받아 왔다. 그동안 유럽인들은 태양이 아닌 지구가 우주의 움직이지 않는 중

프톨레마이오스의 주전원과 가상원

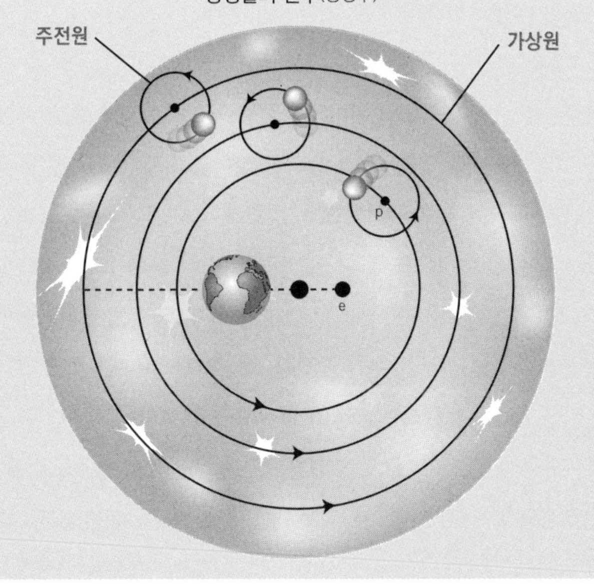

프톨레마이오스는 행성들의 **역행**을 설명하기 위하여 작은 원(주전원)을 덧붙였다. 주전원 모델에서 행성들은 주전원의 중심점(p) 주위를 돈다. 그리고 주전원의 중심점(p)은 큰 원(가상원)을 따라 돌며, 가상원의 중심점은 지구로부터 벗어난 위치에 있다. 지구는 가상원의 중심에서 평균점(e)의 반대쪽에 있다. 평균점은 행성의 운동이 계산상으로 일정하게 보이는 공간상의 한 점이다.

심이고, 모든 천체－별들과 행성, 태양 등－가 정지해 있는 지구 주위를 돌고 있는 것을 당연하게 여겼다. 오늘날에는 터무니없는 생각이지만, 코페르니쿠스가 살던 시대만 해도 그것이 절대적인 진실이고 신앙이었다. 가

주전원 원주를 따라 돌아가는 작은 원을 주전원이라고 한다.

가상원 행성들이 돌아가는 지구를 둘러싼 가상의 원을 말한다.

역행 지구에서 행성들을 관측할 때 행성들은 때때로 평소 움직이던 것과 반대 방향으로 움직이는 현상이 관측된다. 이것을 역행이라 한다. 역행 현상은 지구가 다른 행성들과 함께 돌아가기 때문에 시선의 차이로 인해 나타나는 착시 현상이다. 그러나 천동설의 관점에서는 지구가 움직이지 않는다고 생각하기 때문에 이것을 다른 방법으로 설명하여야 했다.

톨릭교회는 오래전에 프톨레마이오스 체계(천동설)를 신성한 사실로 받아들였다. 당시 교회가 종교, 사회, 정치 전반에 걸쳐 절대적인 영향력을 가지고 있었던 데다가 사람들의 불합리한 고정관념이 태양중심설(지동설)을 받아들이는 것을 17세기 초까지 가로막고 있었다.

프톨레마이오스가 행성들의 위치와 계절을 예측하는 데 사용할 태양계 모델을 처음 고안했을 때는 이미 널리 알려진 상식을 따라서 지구를 중심에 놓고 별들과 행성, 태양이 지구 주위를 도는 것으로 배치했다. 지구가 멈춰 있고 하늘에 있는 모든 것이 지구를 중심으로 원을 그리며 움직인다는 것이 절대적인 진리였기 때문이었다. 하지만 이처럼 단순한 체계만으로는 밤하늘에서 관측되는 행성들의 경로를 설명할 수가 없었다. 왜냐하면 행성들이 '역행'이라고 불리는 이상한 고리를 만든다는 사실이 알려져 있었기 때문이다. 결국 프톨레마이오스는 수학적으로 지구를 중심에 놓고서는 행성들의 운동을 다룰 수가 없어 지구를 중심에서 조금 옆으로 이동시킨 뒤에 행성들이 **편심** 궤도를 그린다고 생각했다. 이와 같은 수정 후 이전의 이론보다는 나아지기는 했지만 여전히 행성이 역행을 하는 현상을 설명하기에는 부족했다.

편심 어떤 물체의 중심이 한쪽으로 치우쳐 있어 중심이 서로 맞지 않은 상태.

결국 프톨레마이오스는 더욱 복잡한 이론을 만들기에 이르는데, 지구를 중심에서 옆으로 이동시킨 편심궤도설에 각 행성들이 서로 다른 중심을 두고 공전한다는 이론을 덧붙인 것이다. 이 이론은 충분히 보편타당하다고 받아들여져 우주를 이해하는 기본적인 이론으로 채택된다.

물론 지구 중심 체계를 프톨레마이오스 혼자서 고안한 것은 아니었다. 하지만 그가 자신의 저서《알마게스트 Almagest》에 지구 중심 모형에 관한 자세한 기록을 남겼기 때문에 그의 이름이 상징적으로 거론되고 있다.

천체의 움직임은 현재에 이르러서도 완전히 설명할 수 없는 숙제로 남아 있다. 코페르니쿠스가 처음 프톨레마이오스 이론 수정 작업을 시작했을 때 그의 의도는 순전히 보다 더 정확한 계산을 통해 프톨레마이오스의 이론을 완벽하게 만들기 위한 것이었다. 하지만 도중에 완전히 다른 이론이 필요하다는 사실을 깨닫게 된 것이다. 코페르니쿠스가 그랬던 것처럼 천체의 움직임을 완벽하게 설명할 수 없는 현재의 이론을 보완할 학자가 언젠가는 탄생할 것이다.

연 대 기

1473	2월 19일, 폴란드 토룬에서 출생
1491	크라코프 대학에 입학하여 천문학에 이끌림
1496	이탈리아의 볼로냐 대학에서 교회법 공부 시작
1497	프라우엔부르그(현재의 프로보그) 대성당에서 성당참사회원직을 받음 천문학 공부를 계속할 수 있는 자유가 주어짐
1500	로마를 방문하던 중 월식 관측
1501	의학 공부를 하기 위해 이탈리아 파도바 대학으로 옮김
1503	이탈리아 페라라 대학에서 교회법 박사 학위를 받음
1506~12	외삼촌 루카스 바첸로데의 비서이자 주치의로 활동
1516	알렌스티엔과 멜사크라는 두 변경 지방의 행정관으로 발령

1519	프라우엔 대성당으로 다시 돌아와 천문학 연구를 계속함
1539	독일 수학자인 레티쿠스의 설득으로《천구의 회전에 대하여》를 출간하기로 함
1542	뇌졸중 발작으로 쓰러짐
1543	일생의 작품인《천구의 회전에 대하여》를 출간함 앤드류 오시안더가 서문을 씀 폴란드 프라우엔부르그에서 5월 24일 세상을 떠남

“

티코 브라헤는 오직 육안에
의지하는 천체 관측에도
불구하고 정확도 높은
방대한 기록을 남겨 후대
천문학자들의
길잡이가 되었다.

”

Chapter 2

근대 천문학의 길잡이,

티코 브라헤

천체 관측의 혁명을 불러온 천문학자

티코 브라헤는 뛰어난 관측 천문학자다. 그는 덴마크 국왕 프리데릭 2세가 덴마크 해안에 있는 벤 섬(덴마크의 수도 코펜하겐 앞 바다에 있는 섬이다. 폭 2.6킬로미터, 길이 4.5킬로미터, 면적은 7.5평방킬로미터 정도 되는 섬으로 우리나라의 여의도보다 약간 작다) 전체를 내어주어 천문대를 짓도록 할 정도로 재능을 갖추고 있었다.

티코 브라헤는 벤 섬에 당시로서는 유럽 전체를 통틀어 가장 큰 천문대인 우라니보그Uraniborg를 세웠다. 우라니보그는 '하늘의 성'이라는 뜻이다. 티코 브라헤의 놀라운 점은, 망원경이 발명되기도 전에 이미 천체를 관측하기 시작했다는 것이다. 망원경이 발명된 것은 티코 브라헤가 죽고 7년 뒤의 일이었으므로 그의 천체 관측은 모두 맨눈에 의해서 이루어진 것이었다. 그는 별들과 행성들의 위치를 정확하게 측정하기 위해 여러 가지 정교한 장비를 스스로 고안하여 만들어 사용했다.

하늘에 별이
67,856 개.
천문대
육백만불의
사나이인가 봐.

특별한 출생

스코네의 크누드스트럽은 지금은 스웨덴 땅이지만 예전에는 덴마크 땅이었다. 티코 브라헤는 1546년 12월 14일 이곳 영주의 맏아들로 태어났다. 태어날 때 쌍둥이였지만, 티코보다 조금 먼저 세상으로 나온 쌍둥이 형은 곧 죽고 말았다.

티코의 아버지 오테 브라헤는 헬싱보르그 성의 영주이자 덴마크 왕실의회의 회원으로, 덴마크에서 몇 손가락 안에 드는 고귀한 귀족이었다(티코 브라헤는 1563년에 왕실의회의 회원이 된다). 왕실의회는 약 20명의 회원으로 구성되는데, 왕의 섭정을 선출하거나 다른 나라와의 전쟁을 선포하고 휴전을 정하는 등 국가의 중대사에 결정을 내리는 매우 권위 있는 자리였다. 티코 브라헤의 어머니 비테 빌레 역시 귀족 출신이었다.

태어나기도 전에 티코에게는 얄궂은 운명의 덫이 놓여 있었다. 사실 이러한 일은 당시로서는 드문 일도 아니어서 그리 이상할 것도 없었다. 티코는 그가 태어나기도 전에 큰아버지인 조르겐과 그의 아내 잉가 옥세에게 입양 보내기로 약속된 상태였다. 조르겐과 잉가 사이에 자녀가 없었기 때문에 이루어진 이 약속은 티코가 태어나자 그의 아버지가 마음을 바꾸면서 없었던 일이 되었다. 하지만 이 일로 조르겐 부부는 앙심을 품게 되었다. 급기야 2년 후에는 큰아버지 조르겐이 티코를 유괴하는 일까지 벌어진다. 티코의 아버지 오테는 격노했지만, 조르겐이 티코를 왕자처럼 훌륭하게 키울 것과 훗날 자신의 영지를 티코에게 물려줄 것을 약속하자 마음을 누그러뜨리고 오테는 티코를 아들이 아니라 조카로 받아들이게 된다.

일식이 천문학으로 이끌다

일곱 살이 된 티코는 보르딩보르그 근교에 있는 성직자 학교에 다니면서 학교생활을 시작했다. 그곳에서 초등교육과, 라틴어를 쓰고 말하는 법을 배웠다. 열세 살이 된 1559년에는 코펜하겐 대학에서 교양교육을 시작했다. 그는 법학에 뜻을 두고 공부했지만 대학에서는 천문학과 수학도 병행해서 가르쳤다. 이 일이 계기가 되어 티코는 법학보다는 천문학과 수학에 심취하게 되었다. 그리고 코펜하겐 대학에서 지낸 첫 해에 코페르니쿠스의 지식이 담긴 책을 접하게 되었다. 그 책은 영국의 수학자이자 천문학자인 요하네스 사크로보스코가 쓴《천구에 대하여》였다.

그로부터 얼마 후인 1560년 8월 21일, 티코는 스스로의 인생을 바꾸는 사건과 마주치게 된다. 그것은 일식이었다. 달에 의해서 태양이 가려지는 부분 일식을 눈으로 직접 목격했던 티코를 매혹시킨 일은 일식 그 자체가 아니라 일식이 일어날 것을 미리 예상할 수 있다는 사실이었다. 그것은 놀라운 일이었다. 천체의 움직임을 미리 예측한다는 것은 천재만이 할 수 있는 신기에 가까운 묘기라고 생각했다. 티코는 자신의 힘으로 그러한 일을 예측할 수 있게 되기를 원했다.

이 일이 계기가 되어 티코는 천문학 공부를 시작하게 되었다. 티코의 집안은 경제적으로 풍족했기 때문에 그가 천문학 공부를 하는 데 따르는 어려움이 아무것도 없었다. 그럼에도 티코는 천문학에 대한 열정을 가족들에게 밝히지 않았다. 혹시라도 모를 가족의 반대를 염려했기 때문이었다. 티코는 조심스럽게 천문학에 관한 전문서적을 구입하면서 시간에 따라 별들과 행성들의 위치를 기록한 천문표를 입수했다. 이렇게 해서 티코는 은밀하게 천문학에 관한 모든 것을 배우기 시작했다.

보다 나은 관측을 위하여

코펜하겐에서 3년 동안 머문 뒤 티코 브라헤는 자신의 개인교사인 앤더스 소렌센 베델(후에 덴마크의 저명한 역사학자가 된다)과 함께 독일의 라이프치히 대학으로 떠난다. 티코 브라헤는 라이프치히에서 베델의 지도 아래 학업을 계속했다. 하지만 베델이 자리를 비우면 때를 놓치지 않고 티코는 천문학 서적을 뒤적였다. 시간이 지날

수록 티코는 하늘과 점점 더 가까워졌다. 그는 하늘의 모든 별자리 이름을 알아냈고 위치도 찾을 수 있게 되었다. 그러자 티코는 행성들의 움직임을 추적하기 시작했다. 티코 브라헤가 관측한 결과는 프톨레마이오스의 예측과 비교해 볼 때 때로는 거의 한 달 정도의 오차가 있었고, 코페르니쿠스의 예측과는 며칠 정도의 오차가 있었다. 브라헤는 정확한 예측을 하기 위해서는 아직 해야 할 일들이 많이 남아 있다는 사실을 알아차렸다.

더 이상 천문학에 대한 열정을 숨길 수 없게 된 티코 브라헤는 그동안 공부해 왔던 법학을 접고 본격적으로 천문학을 공부하기로 마음먹었다. 이를 위해 먼저 라이프치히 대학에서 **점성학** 과목을 수강했다.

점성학(점성술) 태양과 행성의 위치가 인간의 일에 영향을 미친다는 믿음에 기초한 가짜 과학.

얼마 지나지 않아 티코는 역사적으로 중요한 인물에 대한 점성용 천궁도를 만들 수 있게 되었다. 그리고 천체를 관측한 결과를 기록으로 남기기 시작했다. 이 일은 앞으로 일생 동안 계속될 그의 방대한 관측기록의 첫 시작이었다. 티코의 목표는 그 어느 누구보다도 정확하게 행성의 움직임을 예측하는 것이었다.

그가 일생에 걸친 천체관측의 첫 번째 기록을 시작한 것은 1563년 늦은 여름의 어느 날이었다.

티코는 천문학에 인생을 바치기로 마음을 먹은 이후로 법학 공부는 뒷전으로 미루었다. 베델은 뒤늦게 그 사실을 알고 티코의 마음을 돌리려고 애썼지만 티코의 고집을 꺾을 수는 없었다. 베델은 티코가 천문학을 공부하기 위해 태어난 모양이라고 자조하며 포기했다. 이 일로 두 사람 사이에 틈이 벌어지기는 했지만 그들은 평생 친구 관계로 남았다.

천체관측기구를 발명하다

티코 브라헤는 천문학뿐만 아니라 천문학과 관련된 여러 분야의 학문까지 두루 공부했다. 수학과 지리학을 공부했고, 지도 제작법과 항해술, 천체관측기구를 사용하는 방법도 익혔다. 그가 처음으로 사용 방법을 익힌 도구는 직각기였는데, 곧 직각기보다 더 정확하게 천체의 위치를 측정할 수 있는 도구가 필요하다는 사실을 깨닫게 되었다. 이후로 별의 위치를 보다 정확하게 관측할 수 있는 기구를 직접 고안해서 만들기 시작했다.

1565년 티코 브라헤는 독일의 라이프치히를 떠나서 덴마크로 돌아갔다. 당시 덴마크는 스웨덴과 전쟁을 치르고 있었다. 티코의 법적인 아버지인 조르겐은 부사령관으로 코펜하겐에서 함대를 이끌고 주둔하고 있었다. 안타깝게도 조르겐은 국왕 프리데릭 2세가 배에서 떨어져 바다에 빠진 것을 보고 구출하기 위해 바다에 뛰어들었다가 심한 폐렴에 걸려 세상을 떠난다.

조르겐이 사망하자 티코 브라헤는 덴마크에서 친가족들과 사촌이나 조카가 아닌 형제와 아들로서 1년을 보냈다. 하지만 일가친척들

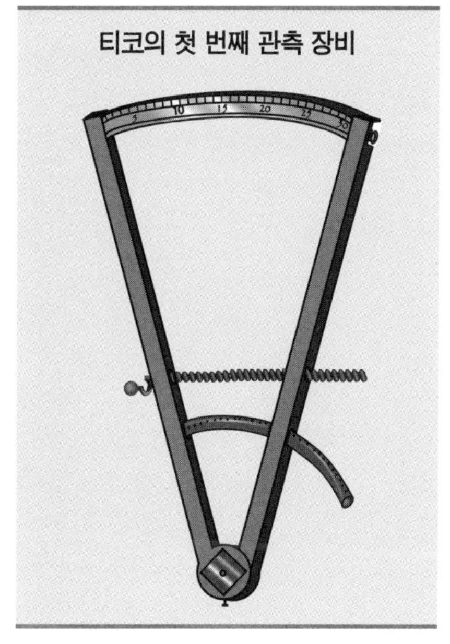

티코 브라헤가 설계했던 별의 위치 측정 관측 장비. 1569년에 만들어졌다.

중에 천문학에 대한 티코의 열정을 이해해 주는 사람은 거의 없었다. 오직 외삼촌 스틴 빌레만이 그를 지지해 주었을 뿐이었다. 티코 브라헤는 자신의 장래를 두고 계속 잔소리만 해대는 가족들과 지내는 것이 불편해지자 다시 독일의 로스톡으로 떠나 그곳의 대학에 들어갔다.

로스톡에서 4년 동안 천문학을 공부한 티코 브라헤는 이후 독일의 아우구스부르크로 옮겼다. 아우구스부르크에서 지내던 1570년 봄에 티코는 자신의 유명한 작품 대사분의Great Quadrant를 만들었다. 대사분의는 직경이 5.5미터나 되는 대형 기구였다. 놋쇠로 만들어진 눈금 띠와 눈금을 읽기 위해 연직으로 매달아 놓은 놋쇠 추를 제외하고는 모두가 오크 나무로 만들어져 있었다. 수직으로 세운 축에는 네 개의 막대가 가로지르고 있는데, 이것을 손잡이로 이용해서 대사분의를 회전시킬 수 있도록 했다. 하지만 대사분의는 너무 무겁고 커서 성인 남자 40명이 달라붙어야만 설치가 가능했다.

티코의 대사분의

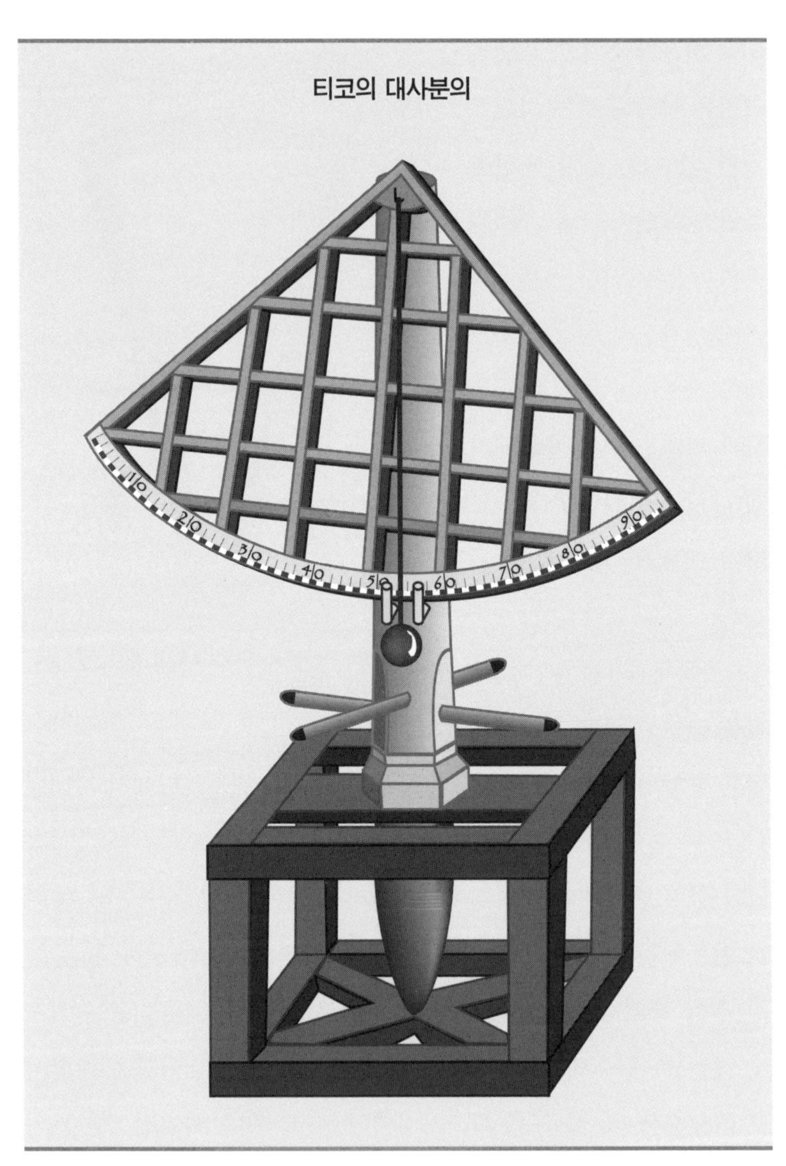

티코 브라헤는 독일 아우구스부르크에서 대사분의를 설계하고 건설했다.

두 달 동안 티코는 새롭게 만든 대사분의로 매주 관측을 하고 기록한 뒤 다시 대사분의를 조정하는 일을 반복했다. 때문에 그의 하인들은 대사분의를 조정하는 엄청난 노동에 시달려야만 했다.

대사분의에 대한 소문이 퍼지면서 티코 브라헤는 점성술적인 예언가이기보다는 진정한 천문학자로 명성을 날리기 시작했다. 사실 대사분의는 그가 별과 행성을 관측하기 위한 목적으로 설계한 수많은 장비들 중 첫 번째 작품이었을 뿐이었다. 천문학에 남긴 티코 브라헤의 진정한 업적은 그가 천문학에 대한 기존의 관념을 영원히 바꾸어 놓았다는 데 있다. 그것은 바로 천문학이 정확한 과학이며, 관측은 간헐적으로 하는 것이 아니라 지속적으로 해야만 한다는 생각을 심어 놓은 것이었다.

1570년 겨울, 티코 브라헤는 다시 독일을 떠나 가족들이 살고 있는 덴마크의 고향 크누드스트럽 성으로 돌아온다. 아버지의 임종을 지키기 위해서였다. 그의 아버지 오테는 이듬해인 1571년 5월에 세상을 떠났다. 고향에 머물던 티코 브라헤는 얼마 후 평민인 크리스텐 바바라 조르겐스다터라는 여자를 만나 사랑에 빠지게 된다. 두 사람의 신분 차이 때문에 가톨릭교회에서는 결혼을 허락하지 않았지만 그들은 평생을 함께했고, 3명의 아들과 5명의 딸을 두었다. 당시의 통념으로는 귀족과 평민의 결혼이 달가운 일이 아니었지만 전혀 전례가 없는 경우는 아니었기에 시간이 지나면 보통의 결혼으로 인정받았다.

아버지가 세상을 떠난 후, 티코 브라헤는 헤레바드 아베이로 거처를 옮겨 외삼촌과 살게 되었다. 그의 외삼촌 스틴 빌레는 유일하게 브라헤의 천문학에 대한 열정을 인정해 주었을 뿐만 아니라 그 당시 새롭게 과학적 흥미의 대상으로 떠오른 화학에 대한 열정까지 인정해 준 유일한 친척이었다. 점성술에서 분리되어 천문학이 발전했듯이 연금술에서 분리되어 화학이 발전된다. 오늘날 점성술이나 연금술은 사술일 뿐 정식 학문으로 인정되지는 않고 있다. 그런 점에서 천문학과 화학은 유사점이 있다. 외삼촌 스틴 빌레는 덴마크 최초로 제지 공장과 유리 제조공장을 세우는 일을 맡고 있었다. 외삼촌은 연금술에도 관심이 많았기 때문에, 자신의 실험실도 가지고 있었다. 이처럼 두 사람은 서로 같이 일하기에 충분한 공통분모를 가지고 있었던 것이다.

티코 브라헤의 금속 코

티코 브라헤를 유명하게 만든 것 중 하나가 그의 금속으로 만든 코였다. 그가 금속 코를 붙이고 다니게 된 데에는 다음과 같은 일화가 전해 내려온다.

1566년 티코 브라헤는 로스톡에서 크리스마스 축제 기간 중 만데럽 파스버그라는 또 다른 덴마크 출신 학생과 논쟁을 벌이게 된다. 그 논쟁이 무엇에 관한 것이었는지는 분명하지 않지만, 아마도 수학적 문제였거나 아니면 티코 브라헤가 당시에 내놓은 천문학적인 예측들 중의 한두 가지에 대한 타당성을 두고 시비가 붙었을 것으로 짐작된다. 두 사람의 말다툼은 급기야 칼을 맞댄 결투로 번지게 된다. 당시 유럽에서 결투는 흔히 귀족들 사이에 이루어졌고 종종 죽음을 초래하기도 했다. 결국 두 사람의 결투는 브라헤가 칼에 베여 코를 크게 다치고 나서야 끝이 난다. 며칠 동안 상처를 치료하면서 시간을 보내야만 했던 브라헤는 결국 가짜 코를 만들어 자신의 흉한 모습을 감추게 된다.

전하는 이야기에 의하면 그 가짜 코가 금으로 만들어졌거나 금과 은이 섞인 금속으로 만들어졌으며 연고를 발라서 코에 부착시켰다고 한다. 그러나 진실은 1901년 그가 사망한 지 300주년 되는 해의 추모행사 자리에서 무덤 속에 그의 시신이 있는지 없는지 사실을 알기내기 위해 무덤을 파헤치면서 밝혀진다. 무덤을 파헤친 결과 손상된 코와 함께 그의 시신이 발견되었다(이때 그의 부인 크리스텐도 함께 발견되었다). 코 주변에서 초록색 물질이 발견된 것으로 봐서(구리 표면에 녹이 슬면 초록색의 녹청이 생긴다) 가짜 코가 구리로 만들어졌던 것이 아닌가 하는 추측이 가능하다. 어쩌면 그는 공식적인 자리에서는 금으로 만든 '공식용' 코를 사용하고 일상에서는 보다 가벼운 구리로 만든 코를 사용했는지도 모른다. 같은 부피일 때 금은 구리보다 두 배 이상 무겁다. 몇몇 그의 초상화에서도 분명하게 그의 가짜 코를 확인할 수 있다.

초신성을 발견하다

티코 브라헤는 1572년 11월 11일 헤레바드 아베이에서 자신의 일생을 바꿔 버리는 사건을 목격하게 된다. 당시 외삼촌의 연금술 실험실에서 집으로 걸어가는 길이었던 그는 이 일로 인해 덴마크의 왕립천문학자가 되고 유럽 최고의 천체 관측 탑을 건설하게 된다.

브라헤는 그날도 여느 때처럼 밤하늘을 쳐다보며 길을 가다가 카시오페이아 자리에서 전에 보지 못했던 새로운 별을 발견하게 되었다. 그것은 도저히 있을 수 없는 일이었다! 그 당시의 지식으로는 영원한 하늘 속에 있는 별들에 변화가 생긴다는 것은 생각할 수도 없었다. 티코 브라헤는 자신의 눈앞에 펼쳐진 광경이 도저히 믿어지지 않아서 하인들과 지나가던 농부들까지 불러 모아 이 새로운 별에 대한 증인이 되어달라고 부탁했다.

그 별은 전에는 어두워서 잘 보이지 않다가 갑자기 밝아져서 보이게 되는 초신성으로, 밝은 목성(목성은 −2등급으로 밤하늘에 보이는 별과 행성을 통틀어 금성 다음으로 밝다)이 지구에 가장 가까이 다가왔을 때보다도 더 밝게 빛났다. 새로운 별이 무엇인지 정체를 밝혀내야만 했던 그는 당장 집으로 달려가 그동안 매달려온 화학 서적과 기구들을 한쪽으로 밀쳐놓고, 자신의 최신 장비로 관측을 시작했다. 이 새로운 관측 장비는 거대한 육분의였는데, 팔의 길이가 1.68미터나 되었고 곡면에는 분 단위로 눈금이 매겨져 있었다. 그리고 장비 문제로 인해서 발생할 수 있는 오차를 보정하기 위해 정리된 교정 표가 옆에 곁들여져 있었다.

티코 브라헤는 며칠 밤을 꼬박 새며 새롭게 나타난 천체를 조심스럽게 관측한 후 자신이 발견한 것이 틀림없이 별이라는 사실을 확인했다. 그것은 분명히 혜성이나 행성이 아니었다. 만일 혜성이라면 가는 실처럼 엷은 꼬리가 붙어 있어야 하지만 꼬리가 없었다. 또 행성이라면 관측할 때마다 다른 별들의 위치와 비교했을 때 상대적으로 조금씩 움직여야 하는데 그 천체는 전혀 움직이지 않았다. 따라서 브라헤는 그 천체가 여덟 번째 천구에 존재해야 한다고 결론 내렸다. 여덟 번째 천구는 하나님의 완전성 안에서 신성한 불변성을 지닌 항성들이 있는 천구(항성구)이다. 천동설의 입장을 지지한 사람들은 우주에 지구를 둘러싸고 있는 여러 개의 천구가 있다고 가정했다. 행성들은 각각의 천구를 가지고 있어서 그 천구를 따라 하루에 한 번씩 회전한다고 생각했다. 또 각 행성들의 천구는 각기 다른 속도로 움직이고 있어서 별들의 천구와 비교했을 때 위치가 달라진다고 보았다. 이러한 천구는 9~10개가 있었다. 당시에 이미 알려져 있던 5개 행성들의 천구에 달, 태양의 천구 2개를 합한 7개가 있었고, 그 바깥에 항성들의 천구인 8번째 천구가 있었다.

티코 브라헤의 발견은 오직 지구와 달 사이에 있는 것들만 변한다고 공언한 가톨릭교회의 관점을 여지없이 무너뜨리는 것이었다. 당시에는 달을 경계로 해서 달 아래 세계와 달 위의 세계를 구분했는데, 달 위의 세계는 완전하여 변화가 없고 달 아래의 세계는 불완전해서 변화가 있다고 보았다. 달이 한 달을 주기로 모양이 변하는 것도 이와 같은 경계에 있기 때문이라고 생각했다. 하지만 달 위에 있는 태양이나 행성, 별들은 변하지 않는다고 생각했다. 그리고 혜성은 달 아래의 세계에 속한다고 보았다. 이전에는 이와 같은 새로운

별을 보거나 기록한 사람이 아무도 없었다. 티코 브라헤 외에는 기원전 125년에 히파르코스가 유일하게 새로운 별이 나타난 것을 보았다고 기록하고 있다. 브라헤가 발견한 초신성은 18개월 동안 밝게 빛나다가 점차 어둠 속으로 사라져 갔다. 그 초신성이 가장 밝았을 때는 때때로 낮에도 볼 수가 있었다.

《신성》의 출간으로 명성을 얻다

1573년 티코 브라헤는 자신이 관측한 것을 토대로 첫 번째 책 《신성에 대하여》(De nove et nullius aevi memoria prius visa stella, '전에 발견된 적이 없는 새로운 별에 대하여'라는 뜻)를 출간한다. 이 책은 흔히 《신성》이라는 이름으로 더 잘 알려져 있다.

이 책은 점성술적인 예측으로부터 달력 계산에 이르기까지 다양한 주제를 다루고 있다. 그러나 가장 중요한 것은 27쪽에 걸쳐 상세하게 설명된 새로운 별에 대한 설명이다. 이러한 새로운 별이 나타났다는 사실은 예전부터 사람들이 아무런 의심 없이 하늘은 고정되어 있다고 믿었던 생각에 도전하는 첫 번째 증거를 만들어냈다. 티코 브라헤의 책 《신성》은 티코 브라헤 자신을 전 유럽의 유명인사로 만들었다.

자신의 유명세 덕분에 강연을 하게 되면서 티코 브라헤는 다른 천문학자들을 만나기도 하는 여행을 시작했다. 1575년 윌리엄 4세 백작의 초대로 독일의 카젤에 간 그는 그곳에서 자신을 되돌아보는 기회를 갖게 되었다. 윌리엄 백작 역시 지난 20년 동안 꾸준하게 천문학 연구를 했을 뿐만 아니라 그는 자신의 영지에 천문관측 장비를 갖춘 자신의 천문대를 갖고 있었던 것이다.

유럽 제일의 천문대

티코 브라헤가 천문학에서 이룩한 업적에 관한 소식이 덴마크 국왕 프리데릭에게 전해졌을 때, 브라헤는 덴마크로 돌아가는 것이 아니라 독일의 바스레로 거처를 옮길 계획을 하고 있었다. 덴마크 국왕 프리데릭 2세는 티코 브라헤가 덴마크로 돌아와서 왕립천문학자로서 조국을 위해 봉사해 줄 것을 기대하며 그 보답으로 여러 개의 성을 주겠다고 제안했다. 하지만 티코 브라헤는 여러 개의 성을 통치하는 데 따르는 의무감이 오히려 천문관측에 방해가 될 것이라는 이유를 들어 왕의 제안을 거절했다. 그러자 애가 탄 덴마크 국왕은 덴마크 해안에서 조금 떨어진 곳에 있는 벤 섬에 왕립천문대를 지을 계획이며 브라헤가 제안을 받아들여 덴마크의 초대 왕립천문학자가 되어 준다면 매우 감사할 것이라는 제안을 해왔다. 시정과 격리된 곳에서 마음껏 천체를 관측할 수 있다는 생각에 티코 브라헤는 프리데릭 국왕의 제안을 수락했다.

1576년, 티코 브라헤는 자신을 위한 거대한 천문대를 지어 주겠다는 약속과 함께 벤 섬을 받게 된다.

티코 브라헤는 독일인 건축가를 고용하여 지금까지 그 어느 누구도 생각해내지 못했던 거대한 천문대를 건설한 뒤 하늘의 여신 우라니아의 이름을 따서 우라니보그Uraniborg라고 이름 지었다. 이 천문대는 거대한 양파 모양의 돔 형태로 지어졌으며, 단단한 벽으로 둘러싸여 있었다. 그 안에는 아름다운 정원이 조성되었고, 연금술 실험을 하기 위한 지하실, 악한 사람을 잡아 가두는 지하 감옥, 제지공장, 인쇄소, 도서관 등이 갖추어져 있었다. 거대한 방은 천체를 관측하는 장비로 가득했다. 그는 특별히 아우구스부르크의 기술자에게 직경 1.5미터의 청동구를 만들어 달라고 의뢰해 도서관 안에 갖다 놓고 자신이 발견한 별들을 새겨 넣었다. 또한 대규모의 전문 인력을 고용해서 천문학의 지식을 축적해 나갔다.

우라니보그는 천문학자들의 꿈이었다. 그곳은 손님을 초대하기에도 안성맞춤이었다. 파티를 열어 향연을 즐겼던 티코 브라헤의 손님은 주로 난쟁이 역술가와 한물간 매춘부들이었다.

계속해서 브라헤는 '별들의 성'이라는 뜻을 가진 스티에르네보그Stjerneborg라는 두 번째 천문대를 건설했다. 이 천문대는 관측 장비가 바람과 진동 때문에 손상되는 것을 막기 위해서 돔형의 지붕을 제외하고는 건물 전체가 완전히 땅속으로 들어가도록 설계했다. 브라헤는 우라니보그와 스티에르네보그 양쪽 건축물 모두에서 언제든지 이용할 수 있는 교묘한 통신체계를 고안했다. 그것은 그가 위치한 어느 방에서든지 벨을 울려서 하인들을 호출할 수 있도록 된 벨 시스템이었다.

티코 브라헤의 유명한 지하 관측소인 스티에르네보그는 그의 사망 후 파괴되었다. 브라헤의 남아 있는 도해를 근거로 그 복원 건물이 벤 섬에 세워졌다. ⓒ 래리 애트킨스

멀리 있는 혜성과 티코의 행성 모델

1577년 11월 브라헤는 1572년에 초신성을 목격한 것과 유사한 또 다른 기이한 경험을 하게 된다. 밤하늘에 혜성이 나타났던 것이다. 이 일로 무척 흥분한 티코 브라헤는 바로 새로운 관측을 시작했다.

혜성에 대한 시차 측정 후에 그는 깜짝 놀랄 만한 결론에 이르렀다. 혜성이 지구로부터 달보다 더 멀리 있다는 사실을 알아낸 것이다. 이것 역시 기존의 학설, 다시 말해 오직 달 아래 천구에 있는 것만이 움직이고 변한다고 주장하는 종래의 학설을 완전히 뒤집는 증거였다. 혜성은 갑자기 나타날 뿐 아니라 가까이 다가올수록 꼬리가

길어지고 점점 밝아진다. 이러한 현상은 별들과 달리 모양과 밝기가 변하는 것으로, 당시의 사람들은 혜성이 달 아래쪽에 있으며 천체가 아니라고 생각했다.

브라헤가 관측 장비를 이용하여 이와 같은 사실을 밝히기 전에는, 혜성은 지구의 **대기** 속에서 일어나는 현상, 이를테면 하늘로 올라가는 가스가 타는 현상 등으로 받아들여졌다. 하지만 티코 브라헤의 관측은 혜성에 대한 이러한 기존 학설을 뒤집었을 뿐 아니라 각 행성들의 천구, 다시 말해 행성들이 각각의 투명한 천구를 따라 움직이며 혜성은 결코 이 천구를 통과할 수 없다고 주장하는 학설을 뒤집는 것이었다. 결국 티코 브라헤가 발견한 초신성이 별에 대한 기존의 생각을 바꾼 것처럼 혜성이 하늘의 천체이며 행성들의 궤도를 가로질러 간다는 사실은, 영구불변이라고 믿었던 항성들의 천구도 실제로는 변할 수 있다는 것을 입증하는 것이었다.

대기 지구나 다른 행성 또는 천체를 둘러싸고 있는 공기 또는 가스층 또는 가스체

혜성을 관측한 지 11년 후 티코 브라헤는 자신의 발견을 《에테르 천구에서 최근에 보인 현상에 관하여》라는 책으로 출간했다.

혜성 관측을 통해 얻은 경험을 토대로 티코 브라헤는 별들이 얼마나 멀리 떨어져 있는지를 알기 위해 별들의 시차를 측정하는 일을 계속해 나갔다. 하지만 엄청난 노력에도 불구하고 결국 별들의 시차를 발견하지 못했다. 이로부터 티코 브라헤는 다음의 두 가지 결론을 얻었다. 지구가 우주의 중심에 있거나, 아니면 별들이 너무 멀리

티코의 태양계 모형

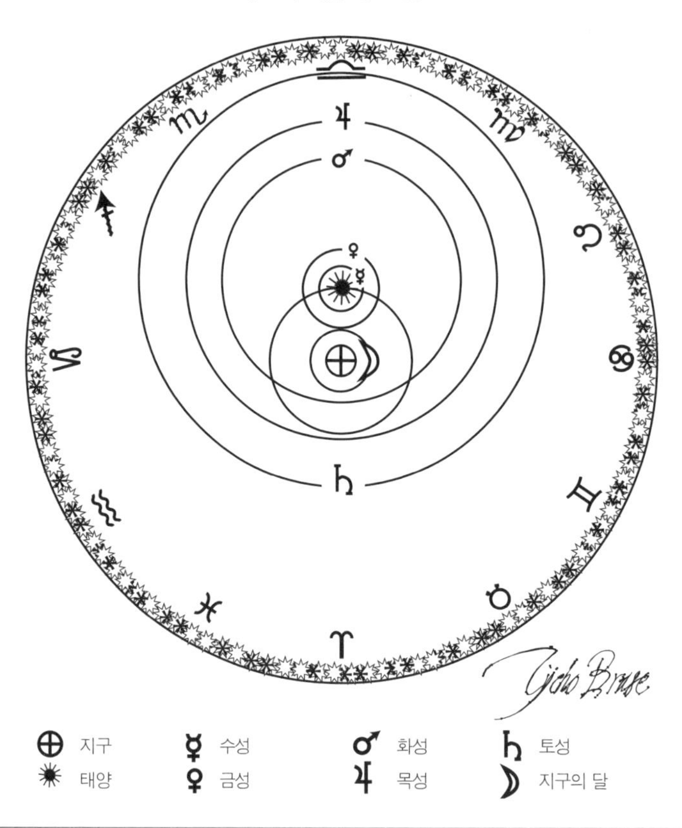

⊕ 지구 ☀ 태양 ☿ 수성 ♀ 금성 ♂ 화성 ♃ 목성 ♄ 토성 ☽ 지구의 달

이것은 **황도대**대의 12개의 상징을 보여 주는 브라헤의 태양계 모형이다. 브라헤는 지구가 우주의 정지된 중심에 있고, 태양이 지구 주위를 돌며, 이미 알려진 행성들은 태양 주위를 돈다고 믿었다.

황도대 황도의 양쪽을 약 9도씩 확장한 벨트. 고대 이래 황도대는 황도를 따라 30도 간격으로 구분하여 황도12궁을 지정하였다. 황도12궁은 2세기에 위치해 있는 별자리의 이름으로 나타내게 되었다. 지금은 춘분점의 세차운동으로 인해 처음 정해진 별자리에서 하나씩 옮겨지게 되었다. 다시 말해 기원 2세기에 태양은 춘분 때 양자리에 있었으나 지금은 물고기자리에 있다.

있어서 시차가 나타나지 않는다는 것이었다. 이 두 가지 결론 중에 하나를 선택해야 했던 브라헤는 별들이 그렇게 멀리 있을 리 없다고 생각하고 코페르니쿠스의 학설에 대항하기로 결정한다. 하지만 프톨레마이오스의 체계에 오히려 더 많은 오류가 있었기 때문에 결국 그는 그 자신만의 행성 모델을 발전시키기로 마음먹었다.

이렇게 해서 태어난 것이, 태양 중심 체제와 지구 중심 체제를 절충한 행성계 모델이었다. 그는 먼저 행성들이 태양 주위를 원운동하는 것으로 설정하고, 다시 태양과 행성들이 고정되어 있는 지구 주위를 원운동하는 것으로 설정했다. 그는 이 새로운 체계를 티코 체계라고 이름 붙였다. 하지만 티코 브라헤가 제안한 이 체계는 사실상 그리스의 철학자이자 천문학자였던 헤라클레이데스(기원전 388년)가 제안한 모형과 매우 흡사했다. 그리고 티코 브라헤의 체계는 사람들로부터 그다지 관심을 끌지 못했다.

브라헤의 유산

브라헤는 우라니보그에 있는 몇 해 동안 대단히 많은 일을 했다. 그는 전혀 새로운 천체 관측 방법을 확립하고 별들의 위치를 기록한 항성 목록을 정리했다. 또 넓은 범위에서 하늘을 관측할 수 있는 천문 장비들을 설계하고 직접 제작했다. 뿐만 아니라 이와 같은 관측 장비들을 이용하여 측정한 사실들을 꼼꼼하게 기록했다. 이렇게 관측한 자료들은 각도로 4분 정도의 오차밖에 나지 않을 정도로 매우 정확한 것이었다. 1분은 각도로 1도의 1/60이다. 따라서 4분은 1/15도에 해당하는 아주 작은 각이다. 이처럼 정확한 그의 자료와 출판물들은 미래의 천문학자들을 위한 훌륭한 징검다리가 되었다.

천문학에서는 큰 업적을 쌓아 나가고 있었지만, 티코 브라헤는 갈수록 거만해졌고 화도 잘 내는 성격으로 변해 갔다. 그는 자신의 하인들을 사슬로 묶어 놓거나 벤 섬의 주민들에게 불합리한 요구를 하기도 했다. 한때 덴마크의 자존심이었던 티코 브라헤는 이제 덴마크인들에게 경멸의 대상이 되어 가고 있었다.

하지만 티코 브라헤에게도 시련의 시간이 시작되었다. 그의 든든한 후원자였던 프리데릭 국왕이 1588년 알코올 중독으로 세상을 떠난 것이다. 그의 뒤를 이어 새로운 왕이 된 크리스티안 4세는 티코 브라헤에게 백성들을 부당하게 대하지 말라는 경고 서한을 여러 차례 보냈다. 하지만 티코 브라헤는 새 왕이 보내온 서한에 아무런 대답도 하지 않았다. 티코 브라헤의 교만함에 분노한 크리스티안 4세는 그에 대한 지원을 끊어 버린다. 결국 1597년 브라헤는 우라니보그에서 쫓겨나고 말았다.

덴마크에서 환영받지 못하게 된 티코 브라헤는 가족과 하인들 그리고 자신의 관측 장비들, 정리되지 않은 원고들과 함께 여기저기 떠돌아다니는 신세가 되었다. 하지만 이런 생활 속에서도 그는 우라니보그에 있던 시절에 쓰기 시작한《천문계측기학》을 출간했다. 이 책은 그의 자서전으로 천문 관측 장비와 벤 섬의 건축물에 대한 해설과 그림이 들어 있다.

그가 떠돌이 생활에 종지부를 찍은 것은 1599년이었다. 황제 루돌프 2세의 수학자이자 천문학자가 되어 프라하에 정착하게 된 것이었다. 루돌프 황제는 점성술과 신비주의, 우주의 비밀에 상당히 매료되어 있었다. 황제는 그동안 궁정에 봉사해 온 귀족들보다는 '덴마크인 점쟁이'를 더욱 신뢰하며 티코 브라헤에게 성을 제공했다.

1600년, 프라하에서 완전히 자리 잡은 티코 브라헤는 젊고 숙련된 천문학자 요하네스 케플러를 보조 천문학자로 고용했다. 케플러는 루돌프 황제의 명령을 받아 브라헤를 도왔다. 케플러가 하는 주된 일이란 브라헤가 거의 40년 가까지 관측한 자료들에 기초하여 새로운 천문표를 정리하는 것이었다.

사실 티코 브라헤와 요하네스 케플러는 서로 다른 천문체계를 신봉하고 있었다. 케플러는 새로운 코페르니쿠스 체계의 열렬한 신봉자였지만 브라헤는 그렇지 않았다. 비록 그들이 믿는 태양계 체계는 일치하지 않았지만 브라헤는 케플러가 자신의 일을 돕는 데 능숙하다고 인정했다. 하지만 브라헤는 자신의 관측 방법과 자료의 많은 부분을 케플러에게 비밀로 하고 있었다.

이듬해인 1601년은 브라헤에게 생애의 마지막 한 해가 된다. 그 해의 어느 날, 티코 브라헤는 친구인 로즘버크의 집에서 열린 연회에 참석했다. 연회 도중 소변이 마려운 것을 꾹 참았던 것이 브라헤에게는 큰 불행이었다. 브라헤는 방광이 꽉 차서 괴로웠지만, 주인 앞에서 테이블을 떠나는 것은 실례인 연회 예절에 집착하여 억지로 참았다. 그런데 저녁에 집으로 돌아왔을 때 상황이 악화되기 시작했다. 소변을 보려고 했지만 시원하게 일을 볼 수가 없는 지경에 이른 그날 이후 티코 브라헤는 계속해서 고통에 시달리다가 11일 후인 1601년 10월 24일 극심한 고통 속에서 숨을 거두게 된다.

티코 브라헤가 사망한 이듬해에 그의 보조자였던 케플러는 브라헤가 시작했던《천문학 입문》을 완성하여 출판했다. 이 책에서는 근대 천문학의 새로운 시대를 알리는 관측과 이론적인 기술 등이 확립되어 있었다.

사실 브라헤의 사인에 대해서는 정확하게 알려진 것이 없다. 그럼에도 많은 사람들은 브라헤가 오줌을 오래 참다가 생긴 합병증으로 죽었다고 추정하고 있다. 그런데 지난 1991년 체코 국립박물관장이 덴마크 정부에 브라헤의 턱수염이 붙어 있는 수의의 조각을 담은 상자를 건네주면서 그 이유가 어느 정도 드러났다. 그 수의는 1901년 브라헤의 시체를 발굴했을 때 무덤에서 입수된 것이었다. 브라헤의 턱수염을 분석해 본 결과 정상인보다 수은이 비정상적으로 높은 농도로 검출되었다. 중금속에 중독된 사람들은 브라헤가 죽을 때 겪었던 요독증(소변에 피가 섞이는 증상) 같은 증세를 나타낸다. 이 새로운 증거로 여러 전문가들은 티코 브라헤가 수은 중독으로 숨졌다고 믿게 되었다.

브라헤의 무덤은 프라하의 틴 교회에 남아 있다. 하지만 그가 개발해낸 환상적인 관측 장비들은 지나온 세월 속에 사라지고 말았다. 그리고 그가 벤 섬에 세웠던 근대적 천문대인 우라니보그와 스티에르네보그도 오래전에 파괴되어 버렸다. 하지만 티코 브라헤가 그 속에서 쌓아 나갔던 업적은 살아남았다. 브라헤가 평생을 두고 그 어느 누구보다도 정밀하게 관측했던 기록들은 그의 보조자이자 뛰어난 천문 이론가였던 요하네스 케플러에게 넘겨져서 그가 행성운동에 관한 3법칙을 발견하는 데 크게 기여했다.

브라헤는 인류가 세상과 우주를 들여다보는 방법을 발전시키는 데 엄청나게 중요한 역할을 함으로써 근대 천문학이 진일보하도록 만들었다. 그는 매우 정확도가 높은, 1,000개나 되는 별들의 항성 목록을 만들었고, 논란과 의구심의 대상이었던 혜성이 대기 속에 일어나는 일종의 현상이 아니라 엄연히 달 너머에 존재하는 천체라는 사실을 증명했으며, 천문관측 방법을 총체적으로 개선하게 만드는 다리를 놓았다.

역사상 첫 번째 초신성의 발견

기원전 125년경 그리스의 천문학자이자 지리학자이며 수학자였던 히파르코스Hipparchus는 처음으로 초신성을 관측했다. 신성nova이란 '새로운 별'을 뜻한다(오늘날에는 신성과 초신성supernova을 구분한다. 초신성은 신성보다 훨씬 더 밝게 빛나는 별이다. 예전에 신성이라 부르던 별은 오늘날의 구분 방법에 따르면 대부분 초신성이다. 오늘날에는 초신성이 '새로운 별'이 아니라 폭발하는 별, 다시 말해서 죽어가는 별이라는 사실이 밝혀졌다). 이 사건은 히파르코스에게 깊은 인상을 남긴다. 그는 과연 별이 태어나고 죽을 수 있는지를 알고 싶어 했다.

히파르코스는 하늘에 보이는 약 1,000개의 별을 관측하여 목록을 만들고 별들을 그 밝기에 따라 6개의 등급으로 나누어 기록했다. 이렇게 정해진 별의 밝기를 '별의 밝기 등급'이라고 한다. 그가 만든 항성 목록은 그 후 1600년 동안 사용되었으며 그가 채택한 별의 밝기를 정하는 체계는 오늘날에도 쓰이고 있다.

히파르코스는 지구가 약간 비스듬히 기울어진 회전축을 가지고 있다는 사실을 발견하기도 했다. 또 달의 크기와 지구와 달 사이의 거리를 어림했다. 그는 일식과 월식을 예측하는 방법도 고안해냈다. 또한 1년의 길이를 6.5분 이내의 오차로 계산해냈으며 춘분점의 세차운동을 발견하기도 했다. 세차운동은 지구가 한쪽으로 약간 기울어져서 돌고 있기 때문에 나타나는 현상이다. 지구의 자전은 팽이가 제자리에서 돌고 있는 것에 비유할 수 있는데, 팽이는 축이 연직선에 대해서 기울어지면 제자리에서 빙글빙글 돌면서 땅에 닿고 있는 축의 반대쪽 끝이 원을 그리며 빙빙 도는 것을 볼 수 있다. 지구도 기울어져 있으므로 자전축이 팽이의 축과 같이 원을 그리며 돌게 된다. 이것이 세차운동이다. 이와 같은 지구 자전축의 세차운동으로 말미암아 춘분점도 세차운동을 하게 된다. 지구의 세차운동 주기는 약 2만 6천 년이다.

연 대 기

1546	덴마크의 스코네(현재의 스웨덴)에서 12월 14일 출생
1548	삼촌인 조르겐 브라헤의 양자로 들어감
1559	코펜하겐 대학에 입학, 철학과 법 공부
1560	태양의 부분 일식 목격 후 천문학에 관심을 갖게 됨
1562	독일 라이프치히 대학 입학
1563	첫 번째 관측 기록 시작
1565	라이프치히를 떠나 덴마크로 감 폐렴으로 삼촌 조르겐 브라헤가 세상을 떠남
1566	대학에 입학하기 위하여 독일 로스톡으로 여행을 떠남 다른 학생과의 결투로 코의 일부를 잃게 됨
1570	그의 유명한 4분의 건설을 마침
1571	덴마크로 돌아옴 미래의 동반자인 크리스텐 조르겐스타터를 만남 5월에 그의 아버지 오테 사망
1572	카시오피아 자리에서 새로운 별, 초신성 발견

1573	저서《신성》 발간
1576	덴마크 국왕 프리데릭 2세로부터 벤 섬을 하사받음 우라니보그 건설
1577	혜성을 발견하고 경로 기록 혜성이 달보다 멀리 있음을 입증
1588	《에테르 천구에서 최근에 보인 현상에 관하여》를 출간 국왕 프리데릭 2세가 알코올 중독으로 세상을 떠남
1597	국왕 크리스티안 4세로부터의 지원이 중단됨 왕으로부터 우라니보그를 영원히 떠나라는 압력을 받음
1598	《천문계측기학》 출간
1599	프라하의 황제 루돌프 2세의 천문학자가 됨
1600	요하네스 케플러를 조수로 채용
1601	10월 24일 사망 오늘날 사인은 수은중독으로 추측하고 있음
1602	요하네스 케플러에 의해 브라헤의《천문학 입문》이 마무리되어 출간됨

"

갈릴레오는 당시의 조잡한
망원경을 개선하여
천체관측에 활용함으로써
16세기 유럽 천문학에
혁명을 몰고 왔다.

"

Chapter 3

천문학을 과학으로 승화시킨 선구자,

갈릴레오 갈릴레이

Galileo Galilei
(1564~1642)

망원경으로 천체관측의 혁명을 불러온 물리학자

갈릴레오 갈릴레이는 직접 제작한 망원경으로 역사상 처음 밤하늘을 관측한 것으로 유명하다. 갈릴레오는 물리학자로서도 명성이 높았지만, 당시 코페르니쿠스주의라 불리던 태양 중심 체제의 지지자로도 널리 알려져 있다.

그는 친구로부터 네덜란드의 렌즈 제작자인 잔 리페르세이가 망원경을 발명했다는 소식을 전해 듣고는 자신이 이 망원경을 개량하여 천체를 관측하는 데 활용했다. 그는 직접 만든 망원경으로 하늘을 관측한 뒤 더욱 강한 확신을 갖고 지동설을 지지하게 된다. 갈릴레오는 1500년 동안 널리 신봉되어 오던 프톨레마이오스의 우주 모델(지구 중심 모델)이 틀렸음을 입증하는 명확한 증거를 제시함으로써 유럽의 과학계에 혁명을 몰고 왔다.

갈릴레오가 망원경을 통하여 새롭게 관측한 사실들 중 하나는 목성 주위에 큰 4개의 위성이 돌고 있다는 것이었다. 갈릴레오가 발견한 목성의 4개의 위성들은 20개가 넘는 목성의 위성들 중에서 가장 큰 것들이다. 이 4개의 위성은 갈릴레오가 발견하여 갈릴레오 위성이라고 불리는데 맨 안쪽에서부터 이오, 유로파, 칼리스토 그리고 가니메데라고 이름이 붙어 있다.

앗!
달에 토끼
가…!!
!

피사에서 태어나다

갈릴레오 갈릴레이는 1564년 2월 15일 이탈리아의 피사에서 태어났다. 갈릴레오의 아버지인 빈센치오 갈릴레이는 플로렌스의 귀족 가문 출신으로 음악가이자 수학 교사였으며 상인이었다. 그의 어머니 지울리아 데글리 아만나티 역시 페스치아 출신의 귀족이었다.

갈릴레오의 가족은 1574년에 플로렌스로 이사를 했다. 갈릴레오는 발롬브로사 카말돌레스 수도원 부속학교에서 학교 공부를 시작했다. 갈릴레오는 수도원 학교를 다니면서 자연스럽게 수도사 생활을 동경하게 되었다. 그는 1578년에 수련수사로 입회하려 했지만 나이가 어려서 정식으로 입회할 수 없어 나중에 나이가 차면 정식으로 가입하기로 하는 예비수사가 되었다. 하지만 갈릴레오의 아버지가 그 사실을 알고는 갈릴레오를 말렸다. 대신 명석한 학생이었던 갈릴레오에게 의사가 되는 공부를 하라고 권했다. 당시에도 의사는 안정적이고 수입이 좋은 직업이었다. 아버지의 만류로 갈릴레오는 수도원이 있는 발롬브로사에서 집이 있는 플로렌스로 되돌아와 성직에 입회하려 했던 꿈을 포기하고 카말돌레스 수도원에 의해 운영되는 학교에서 학업을 계속했다.

물리학과 천문학에 대한 열정

열일곱 살의 갈릴레오는 피사 대학에 입학하기 위해 피사로 향했다. 아버지는 갈릴레오가 장차 의사가 되기를 바랐기 때문에 의학 공부를 권했지만 순종적인 아들이었음에도 갈릴레오는 흥미없는 의학 공부 대신 수학이나 자연철학, 특히 물리학에 관심이 많았다.

고집 센 수학 교사

갈릴레오는 대학의 학기가 끝나는 여름이 되면 집으로 돌아가 머물렀다. 아버지는 갈릴레오가 집에 머무르는 동안 아들에게 의학 공부를 하라고 강요했고 갈릴레오는 더욱 완강하게 수학 공부에 집중했다. 이렇게 매년 여름 방학을 아버지와 실랑이하며 보내던 갈릴레오는 아버지의 마음을 돌리겠다는 결심을 하게 된다.

1583년 여름 방학 때 갈릴레오는 아버지의 마음을 돌릴 목적으로 피사 대학의 교수인 오스틸로 리치를 집으로 초대했다. 리치 교수는 갈릴레오의 아버지에게 아들의 재능이 의학에 있지 않고 수학에 있다는 이야기를 하며 설득해 결국 갈릴레오의 아버지는 마지못해 갈릴레오가 의학 공부를 계속한다는 조건으로 수학 공부, 예를 들면 그리스 철학자들, 시라쿠사의 수학자 아르키메데스, 알렉산드리아의 유클리드가 남긴 저술들을 공부하는 것을 허락했다. 하지만 갈릴레오는 1585년 학위를 마치지 않고 의학 공부를 그만둔 뒤 플로렌스와 시에나에서 수학 개인교사를 시작했다. 이로써 갈릴레오는 자신이 원하지 않는 의사가 되기를 바라는 아버지의 압박으로부터 벗어나 자신이 그렇게도 좋아하는 학문을 자유롭게 추구할 수 있는 자유를 얻은 셈이었다.

1586년에 갈릴레오는 발롬브로사로 돌아온다. 이번에는 학생으로서가 아니라 수학 선생으로서 돌아온 것이었다. 갈릴레오는 발롬브로사에 있는 동안《라 발란시타La Balancitta》('작은 균형'이라는 뜻)라는 책을 출간했다. 이 책에서 갈릴레오는 균형 저울을 이용하여 물체의 밀도를 찾아내는 아르키메데스의 기법을 설명했다. 이듬해에 갈릴레오는 로마의 크리스토퍼 클라비우스라는 수학 교수를 방문한다. 클라비우스는 로욜라 이냐시오가 1551년에 세운 예수회 교단 소속의 로마노 대학에서 학생들을 가르치고 있었다. 갈릴레오는 그에게 자신이 해 온 실험과 무게 중심 주제에 관한 연구결과를 가져갔다. 갈릴레오는 예수회 수학자들이 논제와 사고를 즐긴다는 것을 알고 있었다. 갈릴레오는 만일 그에게 자신의 연구결과로 깊은 인상을 준다면 볼로냐 대학의 교수에 임용될 수 있도록 힘써 도와줄 것이라고 기대했다. 클라비우스가 갈릴레오의 연구에 감동을 받은 것은 당연한 일이었다. 그럼에도 불구하고 갈릴레오는 볼로냐 대학에서 자리를 얻지 못했다.

결국 갈릴레오는 교수 자리를 얻지 못한 채 로마를 떠났지만 클라비우스라는 친구를 얻은 것은 나름대로 의미 있는 소득이었다. 이듬해에 그들은 글을 주고받았고 수학 논문 초고를 교환하기도 했다. 그리고 같은 해에 갈릴레오는 플로렌스에서 있은 학회에서 수학 강연을 했고 클라비우스의 강력한 지지에 힘입어 명성을 얻게 된다. 이듬해인 1589년 피사 대학의 수학 교수 적임자로 갈릴레오가 뽑히게 된다. 이것은 갈릴레오의 앞길이 열리는 뜻깊은 시작이었다. 그러나 갈릴레오는 보다 큰 성공목표를 내다보고 있었다.

갈릴레오는 피사 대학에서 가르치는 동안 운동이론을 기술한 〈데 모투De motu〉('운동에 관하여'라는 뜻)라는 논문을 쓰지만 책으로는 출간하지는 않았다. 그것은 아마도 그가 그 논문을 완전한 저작으로 보지 않았기 때문인 듯하다. 사실 이 논문 속에 들어 있는 많은 착상들은 옳지 않았지만 대신 그는 실험을 통하여 상대적인 결론을 이끌어낼 수 있는 중요한 이슈를 부여했다. 그리스 사람들은 순전히 논쟁을 통하여 결론에 도달하는 것만이 믿을 수 있는 것이라 여겼다. 다시 말해서 어떤 것에 대해 끝까지 이야기함으로써 사람들은 답에 도달할 수 있다고 생각했다. 하지만 갈릴레오는 심사숙고와 논쟁을 통해서가 아니라 실험과 관측을 통해서 사실을 확인해야 한다고 생각했다. 이것은 중요한 차이점이다.

오늘날 과학이 시작된 시점을 기원전 6세기경 고대 그리스로 보고 있는데 이 시기에 자연철학자들은 자연을 스스로의 법칙에 따라 움직이는 존재로 인식하고 논리와 논쟁을 통해서 올바른 결론을 얻을 수 있다고 생각했다. 하지만 논리와 논쟁으로 얻을 수 있는 결론은 한계가 있다. 이 때문에 고대 그리스에서 시작된 과학은 사변적인 공론에 그치는 경우가 많았다. 그런데 갈릴레오는 어떤 이론이 옳은지를 논리와 논쟁으로 결론을 낼 것이 아니라 실험과 관측을 통해야 한다고 말하고 있는 것이다. 갈릴레오 이후의 과학은 그 이전에 지지부진했던 것과 비교할 수 없을 정도로 비약적으로 발전하게 된다.

대포알 실험

갈릴레오가 피사 대학에 학생으로 있었을 때 그는 중력과 질량에 대한 실험을 한 적이 있다. 갈릴레오가 살던 시대에는 아리스토텔레스와 프톨레마이오스의 학설이 천문학뿐만 아니라 모든 분야의 학문에서 의심할 여지가 없는 것으로 받아들여지고 있었다. 아래로 떨어지는 물체에 대한 아리스토텔레스의 결론은 다음과 같다.

아리스토텔레스는 무거운 물체가 가벼운 물체보다 더 빠른 속도로 떨어진다고 적고 있다. 나아가 두 배 무거운 물체는 두 배 빨리 떨어진다고 말한다. 아리스토텔레스에 의하면 무게가 50파운드 나가는 물체는 무게가 1파운드 나가는 물체보다 50배 빨리 떨어진다는 것이다.

갈릴레오는 이것을 실험해 보기로 했다. 이 이론을 실험하기 위해 한쪽으로 기우뚱하게 기울어져 있는 피사의 사탑 꼭대기로 올라간 그는 무게가 크게 다른, 아니 좀 더 정확하게 말해서 질량이 크게 다른 두 개의 대포알을 아래로 떨어뜨렸다. 얼마쯤 시간이 지나서 그 두 개의 물체는 거의 동시에 땅에 떨어졌다. 이것은 아리스토텔레스의 주장과는 달리 질량이 다른 물체들이 질량과 관계없이 같은 속도로 떨어진다는 사실을 증명한 것이다. 이 실험은 갈릴레오가 피사에서 행한 실험들 중 하나로 갈릴레오가 수학과 물리학 분야에서 매우 특출한 재능이 있음을 보여 주는 예이다.

코페르니쿠스 학설을 받아들이다

갈릴레오는 3년 동안 피사 대학에서 지냈다. 그가 피사 대학에 있던 1591년 그의 아버지가 세상을 떠났다. 아버지의 죽음으로 갈릴레오는 집안의 맏이로서 가족을 부양해야 하는 책임을 지게 되었다. 이제 가족을 부양하게 된 갈릴레오는 보다 수입이 좋은 일을 찾아야만 했다. 당시 부유한 귀족인 귀도발도 델 몬테의 신임을 얻고 있었던 갈릴레오는 1592년 귀도발도의 도움으로 보다 대우가 좋은 이탈리아 파도바 대학의 교수로 자리를 옮길 수 있었다.

파도바 대학에서 갈릴레이가 할 일은 유클리드 기하학과 프톨레마이오스의 지구 중심 체계의 천문학을 가르치는 것이었다. 천문학은 학생들에게 매우 중요한 과목이었다. 당시의 의학생들에게 천문학은 날짜를 지키고 의학 실습을 할 때 점성술을 이용하기 위해서 특히 중요한 과목이었다. 그런데 프톨레마이오스의 우주 체계는 코페르니쿠스에게 그랬듯이 갈릴레오를 무척 성가시게 만들었다.

갈릴레오는 태양이 중심이 되는 코페르니쿠스 체계를 공부하여 그것이 옳다고 받아들이고 있었다. 1598년에 독일의 천문학자 요하네스 케플러에게 보낸 개인적인 편지에서도 코페르니쿠스의 지지자임을 밝히고 자신의 관점을 지킬 것이라고 말하고 있다. 하지만 갈릴레오가 활약하던 당시에는 가톨릭교회가 받아들이고 있는 천문학 체계에 맞서는 것은 가톨릭교회에 맞서는 것과 같았다. 갈릴레오는 자신의 학문적 관점을 지키고 싶어 했지만 그 일로 인해 이교도로 낙인찍히기를 원하지는 않았다. 물론 그때도 대중이라는 것이 있기는 했다. 당시가 자유로운 생각과 새로운 관념이 꿈틀거리고 있던 르네상스 시기이기는 했지만 아직은 대체로 미신과 종교에 지나치게 사로잡혀 있었고 급진적인 변화를 수용하지는 못했다.

갈릴레오는 새롭게 자리를 잡은 파도바 대학에 만족했다. 그는 그곳에 머무르는 17년 동안 매우 많은 일을 했다. 여러 가지 새로운 연구와 역학(물리학의 한 분야) 실험을 수행했으며 많은 기구를 발명하기도 했다. 1597년에는 '부채꼴'이라고도 불리는 기하학적인 컴퍼스를 개발했는데 그것은 계산용 도구로 활용되었다. 컴퍼스는 어떻게 사용하는지에 대한 설명서가 붙어 있었으며 꽤 잘 팔렸다고 한다. 컴퍼스는 오늘날에도 기하학적인 제도에 사용되고 있다. 또 최초의 온도계라고 할 수 있는 온도 표시기를 개발했다. 이 온도 표시기로 공기의 온도를 측정할 수가 있었다.

갈릴레오가 아내를 만나게 된 곳도 파도바였다. 갈릴레오는 1599년에 베니스에 온 마리아 감바Maria Gamba를 만나 사랑에 빠지게 된다. 그녀는 곧 그의 부인이 되었다.

신성과 망원경

1604년, 갈릴레오는 코페르니쿠스의 태양중심설이 옳으며 프톨레마이오스의 **지구중심설**은 틀렸다는 사실을, 위험을 무릅쓰고 공적으로 논쟁하게 되는 사건에 휘말린다. 이 일의 발단은 뱀주인자리에 새로 나타난 별 때문이었다. 그 새로운 별은 후에 '케플러의 초신성'이라고 불리게 되는데, 물론 그 별을 목격한 사람이 케플러 한 사람만은 아니었다. 그 별은 로마에 있던 갈릴레오의 친구 클라비우스를 포함한 여러 사람에게도 목격되었다.

지구중심설(천동설) 지구가 우주(태양계)의 중심이라고 생각하던 고대로 전해오는 학설. 하늘이 움직인다는 의미에서 천동설이라고도 함

갈릴레오는 시차 관측을 통해 그 신성이 매우 멀리 있기 때문에 당시에 사람들이 일반적으로 믿고 있던 대로 달의 궤도 내에서는 절대로 존재할 수 없다고 확신했다. 하지만 아무도 갈릴레오의 결론을 믿지 않았기 때문에 그는 더 이상 논쟁을 하는 것은 아무런 소용이 없다고 판단내렸다.

태양중심설에 대한 논쟁을 피한 뒤 몇 년 후 갈릴레오는 정말로 지구가 태양 주위를 돌고 있다는 사실을 입증할 수 있는 놀라운 물

건을 알게 된다.

1609년 5월 갈릴레오는 한 통의 편지를 받았다. 편지에는 베니스에 있는 동안 잔 리페르세이라는 네덜란드 사람이 자신이 직접 만든 단안경 또는 망원경이라고 불리는 물건을 자랑하는 것을 보았다

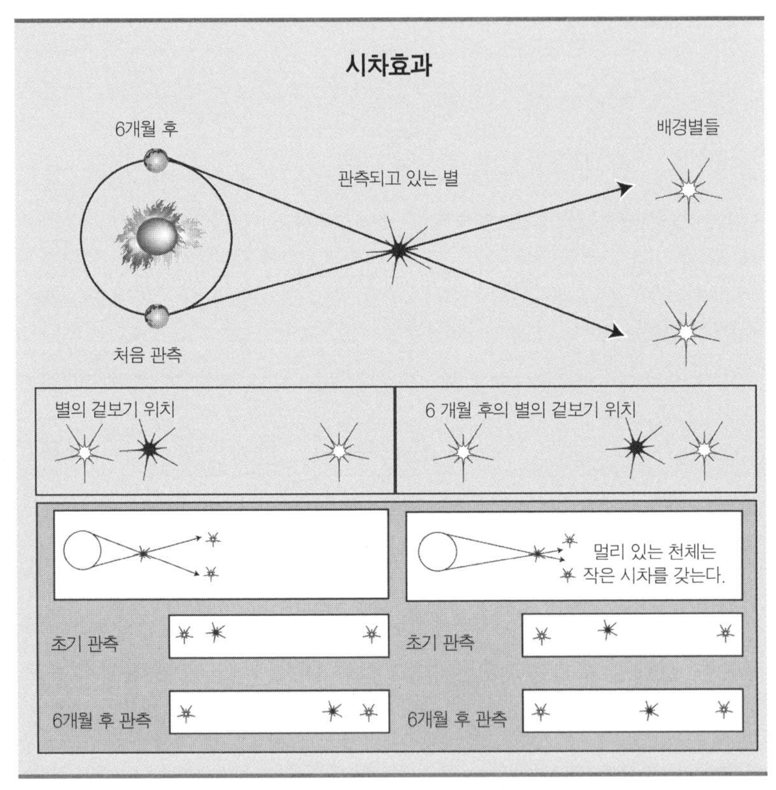

시차는 관측자가 어떤 물체를 관측할 때, 관측자의 운동 때문에 멀리 있는 배경과 비교했을 때 물체의 위치가 바뀌는 것을 말한다. 물체는 항상 배경보다 관측자 가까이에 놓여 있게 된다. 천문학에서는 시차가 큰 별들이 시차가 작은 별들보다 지구에 더 가까이 있는 것으로 파악하고 있다. 이와 같은 시차 관측으로 별들의 거리를 측정할 수 있는 것은 별들이 가까이 있을 경우로 제한된다. 따라서 시차 관측을 통해서 별들의 거리를 측정하는 데에는 한계가 있다. 그렇다고 해서 시차 측정이 중요하지 않은 것은 아니다. 왜냐하면 시차 측정은 별들의 거리를 측정하는 최초의 단서가 되기 때문이다.

고 적혀 있었다. 그 물건은 아주 멀리 있는 물체를 가까이 있는 것처럼 볼 수 있도록 해 주는 유리로 만들어진 것이었다.

갈릴레오는 즉시 그 물건을 구입해서 다각도로 개량한 끝에 이 새로운 장비를 이용하여 천체 발견을 하게 된다. 그리고 얼마 뒤 직접 망원경으로 관측한 사실을 바탕으로《별의 사자》라는 책을 쓴다. 갈릴레오는《별의 사자》에서 다음과 같이 적고 있다. 다음 내용은 작가이자 역사학자인 스틸만 드레이크가 자신의 책《갈릴레오의 발견과 견해들》에서 발췌한 내용을 번역하여 옮긴 것이다.

> 약 열 달 전에 어떤 플랑드르 사람이 투명한 물체를 이용해서 작은 망원경을 만들었다는 소식이 내 귀에 들어왔네. 관측자의 눈으로 볼 때는 매우 멀리 있는 것이지만, 그것을 통해서 보면 매우 가까이에 있는 것처럼 분명하게 볼 수 있다네. 이 망원경이라는 물건을 써 본 사람들 중에 어떤 사람은 이 물건에 대해 믿음을 갖고 있지만, 어떤 사람은 그것을 부인하고 있네. 며칠 후 그 물건과 관련한 편지가 왔네. 프랑스 귀족인 자크 바도비가 보낸 것이었지. 그는 나에게 그 망원경과 같은 기구를 만들 수 있는지 진지하게 물었네. 그래서 나는 굴절 이론에 기초하여 간단히 대답해 줬네.

갈릴레오는 렌즈에 대해 기술된 이와 같은 친구의 편지만으로 밤을 새워서 굴절 망원경을 만들어냈다. 이렇게 만들어진 망원경은 그의 재주와 수학적인 지식 덕분에 리페르세이가 만든 것보다 성능이 훨씬 좋았다.

갈릴레오가 만든 첫 번째 망원경은 손쉽게 구할 수 있는 재료를 이용하여 만들었는데 배율이 4배 정도 되는 것이었다. 갈릴레오는 보다 배율이 높은 망원경을 만들기 위해 스스로 렌즈를 조작하는 기술을 연마하여 배율이 9배인 망원경을 만든다. 그리고 이 망원경을 베네치아 의회에 제출하여 망원경을 제작할 권리를 얻게 된다.

한편 갈릴레오는 망원경을 이용하여 천체관측을 시작했다. 그리고 천체관측을 시작한 지 두 달도 못 되어서 그 이전의 어떤 천문학자도 발견하지 못한 깜짝 놀랄 만한 새로운 사실을 발견하게 된다. 갈릴레오는 곧《별의 사자》라는 책을 써서 자신이 망원경을 통해서 새롭게 발견한 것에 대해서 소개했다. 그가 망원경을 통해서 새롭게 발견한 사실들은 다음과 같은 것들이다.

갈릴레오는 여름철 밤하늘을 가로질러 달리며 마치 매우 고운 은가루를 뿌려놓은 듯이 아름답게 반짝거리는 은하수가 무수히 많은 작은 별들의 모임이며 그것들은 매우 멀리 있다는 사실을 알게 된다. 또 달의 크레이터를 발견하여 달에도 지구와 같이 높은 산과 골짜기가 있다는 것을 알게 된다. 또 토성 주위에는 고리가 존재한다는 사실도 발견한다. 사실 갈릴레오의 망원경으로는 그것이 토성의 고리라는 것을 알지 못했다. 갈릴레오는 처음에 토성의 고리가 토성의 위성인 줄 알았다. 하지만 얼마 후 토성의 고리가 지구 방향과 나란히 놓이게 되어 보이지 않게 된다. 그래서 갈릴레오는 토성의 위성이 사라진 것이라고 생각했다. 또한 태양의 흑점을 발견했는데 그는 그것을 자신의 논문 〈떠다니는 물체에 대한 고찰Discourse on Floating Bodies〉(1612)과 〈태양 흑점에 대한 보고Letters on the sunspots〉(1613)에서 다루고 있다.

갈릴레오는 1610년 1월 7일 목성 근처에서 3개의 밝은 별을 발

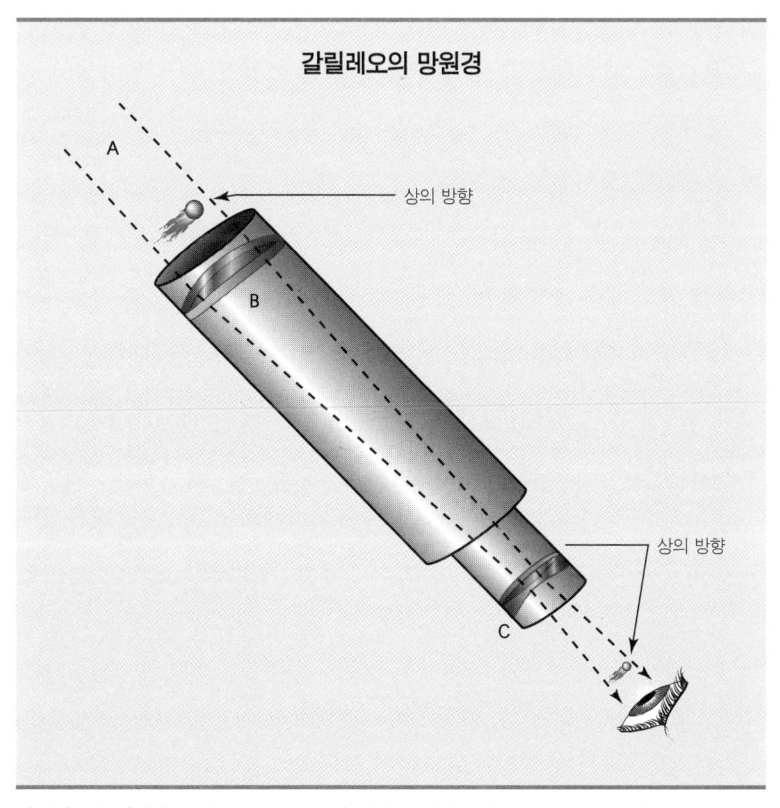

갈릴레오의 망원경은 하늘 쪽 끝(A)에서 빛이 들어와서 평면 볼록렌즈 – 바깥쪽으로 볼록한 렌즈(B) – 를 통과하여 광선이 휘어지게 하는 방식으로 작동한다. 그다음에 그는 그 초점(광선이 교차하게 되는 점) 앞에 평면 오목렌즈를 놓아서 확대된 허상을 만들도록 했다. 갈릴레오가 만든 최상의 망원경은 배율이 32배짜리였다. 오늘날 흔히 사용되는 쌍안경의 평균 배율은 10배에서 20배 사이이다.

견하게 된다. 그런데 6일 후 그것이 4개로 늘어났다. 그는 이 별들이 목성 주위를 규칙적으로 돌고 있는 목성의 달이라고 생각했다. 이것은 태양 중심의 태양계 학설을 입증하는 데 매우 중요한 발견이었다. 그는 목성의 달들을 '메디치가의 별'이라고 이름 붙이고 코시모 메디치 2세인 투스카니 대공에게 자신이 만든 망원경을 보냈다. 그가 이렇게 한 이유는 대공에게 환심을 사서 새로운 일자리를 얻기 위해서였다. 갈릴레오가 이렇게 공을 들인 보람이 있어서 나중에 그는 피사 대학의 수석 수학자가 된다. 그가 맡은 일은 대공의 개인 수학 교사이자 철학자로서 활동하는 것이었다.

갈릴레오는 목성 주위를 규칙적으로 선회하는 위성을 이용하여 시간을 계산하는 조빌라베Jovilabe라는 도구를 발명한다. 조빌라베는 목성의 달 위치를 예측하는 데 사용하는 장치였다. 갈릴레오는 이 기구를 이용하여 바다 한가운데에서 경도를 알아내는 문제를 해결하고자 했다.

바다 한가운데에서 배의 위치를 알기 위해서는 시간을 정확하게 계산할 수 있어야 했다. 그 당시에는 아직 기계적인 시계가 발명되기 전이었다. 영국의 발명가 존 해리슨이 처음으로 항해용 정밀시계를 발명한 것이 1753년의 일이었다. 갈릴레오는 목성의 달이 시계처럼 정확하게 움직이므로 이를 이용하여 경도를 계산할 수 있다고 생각했던 것이다. 하지만 문제가 있었다. 조빌라베가 바다의 물결에 흔들리는 갑판에서도 잘 작동하도록 하는 것이 불가능했다. 이 때문에 갈릴레오의 발명품은 단지 육지에서만 사용될 수 있을 뿐 정

갈릴레오의 조빌라베

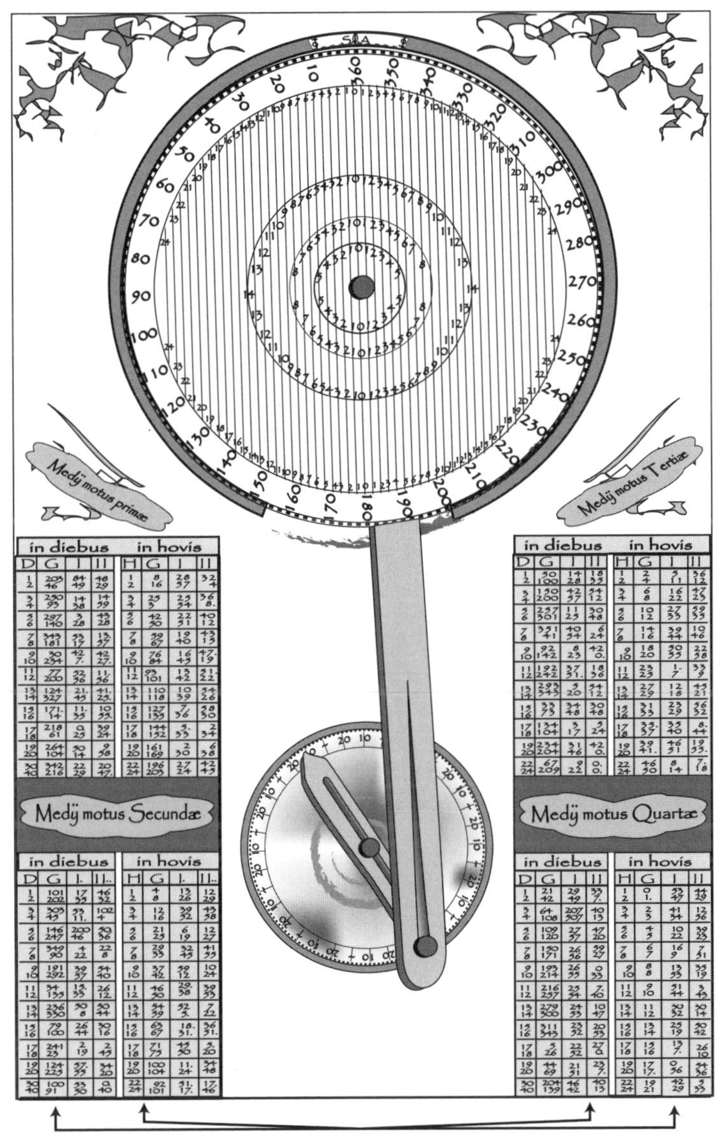

4개의 표가 목성 주위를 도는 4개의 달의 평균운동을 계산한다.

갈릴레오의 장비 전면에는 직경이 다른 두 개의 회전 원판이 목성의 달들의 위치관계로부터 태양과 지구의 달의 위치를 결정하는데 사용하는 방식으로 연결되어 있다.

작 바다를 항해하는 항해자에게는 항해 보조기구로서 아무런 쓸모가 없었다. 그렇다고는 해도 조빌라베는 천문학을 실용적으로 활용할 수 있는 가능성을 열었다는 점에서 매우 중요한 업적으로 평가받고 있다.

코페르니쿠스의 학설은 지지할 가치가 있다

갈릴레오는 유명인사가 되었다. 그가 망원경으로 관측하고 발견한 사실에 관한 소식이 로마 전체에 퍼졌던 것이다.

1611년에 갈릴레오는 로마 대학에서 열린 대연회에 참석해 달라는 초대를 받았다. 그곳에서 만난 예수회의 수학자들이 갈릴레오의 발견을 보증해 주었다. 또 그곳에서 페드리고 세시의 권유로 린세이 국립 아카데미의 회원이 되었다. 페드리고 세시는 갈릴레오의 발명품을 망원경이라고 이름 붙이기를 제안했던 이탈리아의 자연과학자이다. 세시는 그 후 일생 동안 갈릴레오의 후원자가 되었다.

1612년에 갈릴레오는 목성의 달들을 충분히 관측하여 정확한 공전 주기를 계산할 수 있었다. 그러나 태양 주위를 도는 지구의 운동을 고려하는 것을 빠뜨렸기 때문에 그의 결론은 모순이 있었다. 그는 또한 토성을 자세히 관측했다. 토성은 처음에 3개의 천체로 보였다. 가운데 큰 것이 하나 있고 양쪽에 작은 것 두 개가 있는 것으로 보였다(작은 천체들은 사실은 토성의 고리였다).

그는 또한 금성도 달과 마찬가지로 **위상**이 변한다는 사실을 발견했다. 금성은 달의 모양이 바뀌는 것처럼 그 모양이 바뀌어 갔다. 때로는 초승달이나 그믐달 모양으로 보이기도 하고 또 반달이나 보름달 모양으로 바뀌기도 했던 것이다. 게다가 금성이 초승달이나 그믐달 모양으로 보일 때면 크기가 커졌고, 보름달 모양으로 보일 때는 가장 작았다. 이러한 사실은 금성이 보름달 모양으로 보일 때 지구에서 가장 멀리 있는 것이고 초승달이나 그믐달 모양으로 보일 때 가까이 있다는 것을 말해 주었다. 만일 금성이 지구 주위를 돌고 있다면 이와 같은 일은 일어날 수 없다. 이것은 금성이 태양 주위를 돌고 있다는 분명한 증거였다.

위상 천체가 공전하고 있을 때 천체로부터 관측자에게 보이는 천체의 밝게 빛나는 부분의 단편. 달의 경우 초승은 밝기가 증가하고 있는 상이고, 그믐은 밝기가 줄어들고 있는 상이다.

그래서 갈릴레오는 행성들이 지구 주위가 아니라 태양 주위를 도는 것이라고 결론지었다. 그는 자신이 발견한 사실들이 코페르니쿠스 체계를 지지하고 프톨레마이오스 체계를 폐기해야 하는 충분한 증거라고 주장하면서 공개적으로 발표하여 논쟁을 불러일으켰다.

그러나 갈릴레오에 반대하는 학자들은 만일 지구가 정말로 자전하고 있다면 높은 탑 위에서 떨어뜨린 대포알이 똑바로 아래로 떨어질 수는 없을 것이라고 주장하며 그의 주장에 반박했다. 지구가 돌고 있다면, 대포알이 아래로 떨어지는 동안에도 지구는 돌기 때문에 대포알이 탑 뒤쪽으로 떨어져야 할 것이라고 주장했던 것이다.

갈릴레오는 그들의 주장이 틀렸다는 사실을 알고 있었지만 논리적으로 지구가 움직이고 있다는 것을 그들에게 납득시킬 수는 없었다. 지구가 자전하고 있어도 대포알은 똑바로 아래로 떨어진다. 그것은 떨어지는 대포알이 이미 지구의 자전 속도에 맞추어 지구와 함께 움직이기 때문이다.

논쟁이 과열되면서 마침내 1614년 토마소 카시니라는 설교자가 코페르니쿠스 체계를 지지하는 갈릴레오를 비롯해 다른 수학자들을 싸잡아 이단자라고 부르는 일이 벌어진다. 카시니는 스캔들과 소문을 악용하여 대중의 감각을 자극하는 데 천부적인 재능을 지니고 있었다. 이듬해 카시니는 더욱 확신에 차서 이에 대한 종교재판을 열 것을 촉구했다. 종교재판은 이단자들에게 형벌을 내리는 일을 담당하는 가톨릭교회 내부의 조직이었다. 갈릴레오는 가톨릭교회에서 꽤 영향력이 있는 로마의 몬시뇰(가톨릭의 직책) 피에로 다니에게 자신의 관점을 방어하는 긴 편지를 썼다. 그러나 추기경 로버트 벨라민과 바오로 안토니오 포스카리니는 피에로 다니와 갈릴레오에게 코페르니쿠스의 학설을 단지 하나의 학문적 제안으로 다루라고 경고한다.

종교재판

갈릴레오는 다시 편지를 썼다. 이번에는 로레인의 대공비 크리스티나에게 보내는 것이었다. 이 편지에서 갈릴레오는 자신의 관점을 방어하면서 과학과 성서 사이의 관계에 대해서 초점을 맞추었다. 아래의 편지 내용은 갈릴레오의 저서 《발견들》에서 편지의 일부를 발쉐하여 옮긴 것이다.

> 저는 태양이 천구의 회전 중심에 움직이지 않고 놓여 있으며 반면에 지구는 그 축을 중심으로 자전하면서 태양 주위를 공전한다고 봅니다. 저는 이와 관련하여 프톨레마이오스나 아리스토텔레스가 내세운 논의의 잘못을 밝힐 수 있을 뿐만 아니라 많은 반증을 제시할 수도 있습니다. 그 반증들은 프톨레마이오스 체계가 명백하게 잘못된 것이며, 오히려 그 반대로 가정을 했을 때 감탄스러울 정도로 잘 들어맞습니다. 그 사람들(갈릴레오에 반대하는 입장을 가진 이들)은 종교와 성서의 권위라는 겉치레를 위하여 자신들의 그릇된 생각을 조작하기로 결의한 것입니다.

하지만 갈릴레오가 보낸 편지는 아무런 힘도 발휘하지 못했다. 로마의 종교재판소는 조사를 계속했다. 그동안에는 갈릴레오에 대해서 아무런 조치를 취하지 않았다.

1616년 종교재판소는 코페르니쿠스주의를 지지하는 것이 이단이며 교회와 하나님의 가르침에 대항하는 것이라고 공식적으로 발표한다. 코페르니쿠스주의에 대한 신념을 지킬 수 있는 충분한 증거를 가지고 있다고 믿었던 갈릴레오는 자신을 방어하기 위해 로마로 갔다. 그러나 결국 교황 바오로 5세는 갈릴레오에게 코페르니쿠스의 관점을 유지하는 것을 금지시켰다.

1618년 갈릴레오는 3개의 밝은 혜성이 하늘에 나타났을 때 예수회의 신임을 완전히 잃게 된다. 갈릴레오는 《혜성에 대한 논문》(1619)이라는 제목의 책을 자신의 학생 가운데 한 사람인 마리오 귀두치라는 이름으로 발간했다. 그가 학생의 이름을 빌어 책을 발간한 것은 로마 종교재판소로부터 그에게 내려진 엄중한 경고 때문이었다. 갈릴레오는 1616년부터 1623년까지 자신의 이름으로는 어떤 책도 출간할 수 없었다.

《혜성에 대한 논문》은 로마 대학의 예수회 수학자인 오라치오 그라시가 강연에서 행한 내용에 대해 직접적인 반론을 제기하기 위해 쓴 것이었다. 혜성의 위치에 대한 그라시의 설명은 코페르니쿠스의 학설이 엉터리라고 믿게 하려는 악의가 다분한 것이었기 때문이었다. 《혜성에 대한 논문》에 나타난 갈릴레오의 관점은 천체들에 대한 교회의 해석에 정면으로 도전하는 것이었다. 공교롭게도 당시 그라시 역시 다른 이름을 쓰고 있었다. 그래서 갈릴레오는 나중까지도 자신이 예수회를 공격하고 있다는 사실을 알지 못했다.

그라시는 《저울》이라는 글을 써서 갈릴레오의 《혜성에 대한 논문》에 맞섰다. 이에 갈릴레오는 1622년에 다시 그라시에 맞서 《시금》을 썼다. 이 책 속에서 갈릴레오는 과학방법의 새로운 원칙을 공식화하고 있다. 다시 말해서 과학은 논쟁을 통해 고찰하기보다는 실험과 관찰을 통해 이론과 일치시킬 수 있어야 한다고 적고 있다.

1623년 로마의 검열관은 갈릴레오에게 《시금》을 출간해도 좋다는 호의를 베풀었다. 갈릴레오는 자신이 오랫동안 숭배해 왔으며 새 교황으로 선출된 우르반 8세, 마페오 바르베리니에게 이 책을 헌정했다.

하지만 이때부터 갈릴레오는 건강이 악화되기 시작했다. 때문에 자신의 유명한 책《두 가지 주요한 계에 관한 대화: 프톨레마이오스와 코페르니쿠스 체계》, 흔히 줄여서《대화》라고 알려진 책을 쓰는 데 많은 어려움을 겪었다.

교회로부터《대화》를 저술할 수 있는 허가를 받은 갈릴레오는 프톨레마이오스의 학설과 코페르니쿠스의 학설이 동등한 비중을 차지하도록 쓰면서, 코페르니쿠스의 학설은 일종의 가설로 다루고 있다. 이는 아마도 교회의 검열 때문이었을 것이다. 이 책은 두 사람의 인물이 등장해서 서로의 입장에 대해 논쟁을 벌인다는 설정을 취하고 있다.

갈릴레오는 이 책에서 (이 책에서는 공식적으로 틀린 학설로 결론 내려지는) 코페르니쿠스의 학설을 지지하는 편에 서서 강력한 논쟁을 벌이고 있다. 그는 교묘한 방법으로 자신의 신념을 밝혔던 것이다.

이단자로 판결받다

1632년 갈릴레오는 로마 가톨릭교회의 완전한 허가를 받지 않은 상태에서 자신의 저서《대화》를 출간했다. 이 책은 단지 머리말과 마무리에 대해서만 교회의 허가를 받았을 뿐이었다. 얼마 후 교황 우르반 8세는 갈릴레오가 여전히 코페르니쿠스주의를 지지한다는 사실을 간파하고 책의 판매를 금지했다. 그리고 로마의 종교재판소에 출두하라는 명령을 받았다. 그러나 갈릴레오는 병에서 어느 정도 회복된 1633년에야 갈릴레오는 로마의 종교재판소에 출석할 수 있었다. 교회는 그를 격리시킨 채 18일 동안 심문했다. 갈릴레오는 그 해 4월 30일, 병과 싸움에 지쳐서 자신의 저서《대화》에서 코페르니쿠스주의를 주장했음을 인정하고, 자신의 다음 책에서 그것을 부정하겠다는 약속을 하고야 만다. 종교재판소는 갈릴레오를 화형에 처하겠다는 위협을 가하는 동시에, 지난 1616년 종교재판소가 고발한 사항을 이행하지 않았다는 사실을 들어 갈릴레오를 평생 가택연금시킨다는 판결을 내렸다.

1634년 갈릴레오는 70세의 나이에 플로렌스 근처의 아르세트리에 있는 집으로 일생의 마지막 여행을 떠난다. 그는 그 이후 그 집에서 가택연금 상태에서 평생을 지내다가 생을 마치게 된다. 이 집에 갇혀 지내는 동안 갈릴레오는《역학과 국지운동의 두 과학에 대한 담화》, 흔히《담화》라고 알려진 책을 쓰기 시작한다. 이 책은 이탈리아에서 출간되지 못하고 비밀리에 네덜란드에서 출간된다. 대단한 수학적 창의성이 돋보이는《담화》 속에는 진자 실험을 포함하여 빗면에 대한 그의 발전된 개념, 속도와 가속도에 대한 개념, 그리고 무게 중심의 계산 등이 들어 있다.

갈릴레오는 1637년 망원경으로 태양을 관측하다가 오른쪽 눈의 시력을 완전히 잃고 말았다. 그리고《담화》가 네덜란드에서 출간된 1638년 남은 한쪽 눈의 시력마저 잃어 완전히 실명하게 된다. 그는 눈병을 치료하기 위해 의사 가까이에서 지낼 수 있는 플로렌스의 집으로 돌아갈 수 있도록 허락을 요청했지만 종교재판소는 갈릴레오의 청을 거절했다. 갈릴레오가 다른 어떤 사람과도 사회적인 접촉을 하는 것을 원치 않았던 것이다. 갈릴레오는 아르세트리에 남아 그 누구와도 교제하지 않는다는 조건으로 마침내 종교적 휴일에 교회에 출석할 수 있는 허락을 받았다.

갈릴레오는 앞이 보이지 않는 가운데에도 1641년 진자시계에 대한 설계를 완수했다. 이것은 이미 오래전에 연구한 주제였지만 미

처 개발할 시간이 없어서 미루어 온 것이었다(갈릴레오의 아들 빈센치오는 아버지의 설계에 따라 시계를 만들어 보려고 노력했지만 성공하지 못했다). 그리고 1642년 1월 8일 저녁, 자택에서 여전히 죄인의 몸으로 마지막 숨을 거두었다.

가톨릭교회는 갈릴레오가 죽은 지 350년이 지난 후에야 갈릴레오에 대한 종교재판은 잘못되었음을 인정했다. 1992년 10월 31일, 교황 요한 바오로 2세는 가톨릭교회를 대표하여 갈릴레오의 예를 들어 교회가 저지른 잘못을 인정하는 연설을 하고 그러한 일이 이제 다시는 일어나지 않을 것이라고 공개적으로 선언했다.

오늘날에는 갈릴레오의 학설이 옳았음이 널리 알려져 있다. 하지만 교황 요한 바오로 2세는 그 시대에는 그 시대의 사상에 따라 갈릴레오가 이단자였을 수밖에 없었으며 당시 종교재판소가 내린 유죄 판결은 오류가 아니었다고 말해 갈릴레오에게 내려진 이단 심문 판결에서만큼은 교회가 오류를 범했다는 사실을 결코 인정하지 않았다.

갈릴레오는 대공비 크리스티나에게 보내는 편지(스틸만 드레이크에 의해 번역된《발견들》에서 인용)에서 다음과 같이 적고 있다.

> "나는 신이 우리에게 감각을 부여했다고 해서 이성과 지성을 무시해도 된다고는 생각지 않는다."

불복종의 결과

지오다노 브루노는 이탈리아의 천문학자로 그 역시 태양 중심의 태양계 학설인 코페르니쿠스 학설을 믿는 사람이었다. 그는 공개적으로 가톨릭교회가 받아들이는 지구 중심 태양계 이론인 프톨레마이오스 학설을 인정하지 않고 코페르니쿠스주의를 가르치려다가 고발당한 후 자신의 학문적 신념으로 인해 화형을 당할 것을 두려워하여 이탈리아를 벗어나 해외로 피신했다.

몇 년 동안 그는 해외에서 학생들을 가르치다 1592년 체포되어 로마 종교재판소로부터 심문을 받았다. 법정에서 몇 년을 보낸 후 1600년 끝내 자신의 신념을 굽히지 않아 로마에서 화형을 당했다.

브루노의 화형은 만일 교회에 공공연히 맞서게 되면 어떤 결과를 당하게 되는지를 보여 주는 본보기 사례가 되었다.

연 대 기

1564	이탈리아의 피사에서 2월 15일 출생
1574	플로렌스로 이사하여 발롬브로사에 있는 카말돌레스 수도원 학교에 다님
1578	카말돌레스 수련수사로 입회하였으나 아버지는 취소하기를 고집함
1581	피사에서 의학과 수학 공부 시작
1585	피사에서 의학 공부를 그만둠
1586	발롬브로사에서 수학을 가르치기 시작 《라 발란시타》 출간
1588	이탈리아의 볼로냐에서 수학
1589	피사에서 수학 교수로 임명됨
1592	이탈리아 다듀아 대학의 수학 교수가 됨
1597	기하학과 군사용 컴퍼스 발명
1604	뱀주인자리에서 새로운 별을 관측하고 시차를 이용하여 달의 천구 너머에 존재함을 확신함

1609	네덜란드 안경제조사 잔 리페르세이가 발명한 망원경의 성능을 9배 높인 망원경을 직접 제작
1610	목성의 위성들을 발견하고《별의 사자》를 출간함. 코시모 메디치 2세인 투스카니 대공의 수학자이자 철학자로 임명됨
1611	탁월한 천체 발견의 공로로 데이 린세이 학회 회원이 됨
1616	교황 바오로 5세로부터 코페르니쿠스주의를 지지한 것에 대한 경고를 받음. 이단심문소는 공식적으로 코페르니쿠스주의를 이단으로 통고함
1623	《시금》 발표 과학적 방법의 새로운 원리를 공식화함
1632	《대화》 출간
1633	로마 이단심문소로부터 심문을 받음 이단심문소는 코페르니쿠스주의를 지지한 점에 대해 그에게 유죄를 판결하고 종신가택연금형을 선고함
1638	네덜란드에서 책을 출간함
1642	이탈리아의 플로렌스 근교 아르세트리에서 1월 8일 사망

"
행성운동의 미스터리를
밝힌 요하네스 케플러에게
현대 천문학자들은
큰 빚을 지고 있다.
"

Chapter 4

행성운동의 비밀을 밝힌 비운의 천재,

요하네스 케플러

Johannes Kepler
(1571~1630)

천체역학의 아버지

요하네스 케플러는 독일의 천문학자이며 수학자로 행성의 운동에 관한 3가지 법칙을 발견한 것으로 유명하다. 케플러는 행성들, 특히 화성을 연구하여 행성들이 원 궤도를 그리며 움직이는 것이 아니라 타원 궤도를 따라 움직인다는 사실을 밝혀냈다. 케플러가 살던 당시의 사람들은 모든 행성들이 원 궤도를 따라 움직인다고 철석같이 믿고 있었다. 케플러가 화성을 연구한 이유는 화성의 운동이 천문학적 예측과 크게 어긋나 있었기에 만일 화성의 운동에 대해서 밝혀낸다면 모든 행성의 운동을 해명하는 열쇠가 될 것으로 여겼기 때문이었다. 화성의 운동이 다른 행성들보다 크게 어긋나 있는 것은 화성이 다른 행성들보다 훨씬 더 뚜렷한 타원 궤도를 따라 움직였기 때문이었다.

티코 브라헤의 조수인 동시에 계승자였던 케플러는 이름난 관측천문학자였던 티코 브라헤가 눈으로 관측하여 기록한 화성 관측 자료를 토대로 케플러의 법칙을 발견했다. 또한 태양계(당시에는 태양계가 우주의 중심이라고 생각하고 있었다)를 설명하는 코페르니쿠스의 태양중심설(지동설)을 발전시켜 행성들이 태양을 하나의 초점으로 하여 타원 궤도를 그리면서 돌고 있다는 사실을 입증해 보였다. 오랫동안 행성의 운동은 의혹에 싸여 있었으나 마침내 그 수수께끼가 풀리게 된 것이다. 이로써 케플러는 천문학에 혁명을 가져왔을 뿐 아니라 천문학의 중요한 한 분야인 천체역학을 개척하는 선구적인 과학자가 되었다.

별이 어떻게
돌고 있느냐...
타원형으로
돌고 있어요.

가난하게 태어나다

요하네스 케플러는 1571년 12월 27일에 독일 바일에서 용병인 하인리히 케플러와 여인숙 집 딸인 캐서린 케플러 사이에서 태어났다. 열 달을 채우지 못하고 태어난 요하네스 케플러는 늘 병약하고 창백한 아이였으며 생애의 대부분을 건강이 좋지 않은 상태로 보냈다. 케플러는 아주 어린 나이에 천연두에 걸려 시력이 나빠진 탓에 평생 고통을 받았고, 양친 어느 쪽으로부터도 그리 사랑받지 못했던 것 같다.

케플러의 가족은 자주 이사를 다니고 불안정한 생활을 했기 때문에 그가 초등학교를 다닌다는 것은 쉬운 일이 아니었다. 또 외할아버지가 운영하는 여인숙에 자주 일을 도우러 다닐 정도로 어려운 환경에서 제대로 된 교육을 받지 못했음에도 불구하고 케플러는 예사롭지 않은 지능과 식을 줄 모르는 호기심을 보였다.

1577년, 여섯 살이었던 케플러에게 그의 어머니는 혜성을 보여주었다. 덴마크의 천문학자 티코 브라헤가 그해 11월에 발견한 혜성을 보게 된 이 경험은 어린 소년의 가슴에 별에 대한 관심과 식을 줄 모르는 감명을 깊이 새겨 넣게 된다. 그리고 아홉 살이 되던 해인1580년에 케플러는 다시 개기월식을 목격하는 특권을 누렸다. 이 일은 어린 소년의 가슴에서 불붙기 시작했던 과학의 불씨에 기름을 부은 것과 마찬가지였다. 여기서 한 가지 참고할 것이 있는데, 그것은 케플러가 활약할 당시의 천문학자는 과학자라기보다는 점성술사나 예언자로 인식되고 있었다는 사실이다. 천문학자들이 별을 연구하는 이유도 하늘의 움직임을 통해 앞으로 일어날 일을 예측하고 달력을 관리하기 위한 것이었다.

장학금 조달

케플러는 열세 살이 되었을 때 마침내 레온버그에서 라틴 초등학교를 마쳤다. 그리고 1584년에 독일의 아델베르그(이전의 훈트숄츠) 개신교 신학교에 들어갔다. 남들보다 명석한 두뇌를 가졌지만 병약했고 또 종교에 심취했던 케플러는 인생 목표를 개신교 성직자가 되어 조용한 삶을 누리는 것으로 정하고 있었다.

1589년 독일의 튀빙겐 개신교 대학에서 대학생활을 시작한 케플러는 가난했기 때문에 학비를 조달할 능력이 없었다. 하지만 다행스럽게도 위템베르그의 개신교 군주는 신앙심이 높은 개신교 성직자를 더 많이 양성하기 위하여 형편이 어려운 사람들도 교육 받을 수 있는 고등 공립교육 체계를 세웠다. 이러한 장학 프로그램 덕분에 그는 어려운 형편 속에서도 대학을 다닐 수가 있었다. 케플러는 대학에서 신학과 철학에 전공했지만 틈틈이 수학과 천문학을 공부하며 과학적 지식을 쌓아 나갔다.

튀빙겐 대학에 들어간 지 얼마 되지 않아 케플러는 천문학과 교수이며 당시 지도적인 천문학자들 중 한 사람이었던 미카엘 마에스틀린 교수에게 논쟁의 대상이 되고 있던 코페르니쿠스 체계에 대해 배우게 되었다. 마에스틀린 교수는 공개적으로는 프톨레마이오스의 천문학을 가르치고 있었지만 마음속으로는 코페르니쿠스 체계를 믿고 있었다.

마에스틀린 교수는 영민한 케플러를 고급 수학을 배우는 학생들 그룹으로 끌어들였다. 이는 케플러에게 코페르니쿠스 체계의 모든 상세한 것을 익히게 한다는 것을 의미했다. 케플러가 코페르니쿠스 체계가 우주의 정확한 모델이라는 사실에 확신을 갖게 되는 데는 얼마 걸리지 않았다. 케플러의 마음속에는 태양 중심 체계의 단순한 조화가 프톨레마이오스 체계의 복잡한 구조보다 훨씬 더 호소력이 있었던 것이다. 케플러는 이때 코페르니쿠스가 쓴 책《천구의 회전에 대하여》에 나오는 서문, 다시 말해 이 책은 단지 추상적인 수학적 가정이라고 밝힌 그 글이 코페르니쿠스가 쓰지 않았다는 사실을 알게 된다. 사실 그 서문은 그 책의 편집자였던 앤드류 오시안더가 쓴 것이었다.

수학과 천문학의 놀라운 경력

1591년 케플러는 시험을 통과하고 예술학 석사 학위를 받은 뒤 3년 동안 튀빙겐에서 개신교 성직자가 되는 것을 목표로 신학 학위 과정에 출석했다. 케플러는 수학의 천재였고 마에스틀린 교수보다도 더 코페르니쿠스주의에 열정적이었으며 훨씬 더 솔직했지만 성직 외에 다른 직업을 갖는다는 것은 결코 생각해 보지 않았다. 때문에 1594년 현재는 오스트리아의 일부인 스티리아에 있는 그라츠 대학(개신교)에서 수학과 천문학의 교수직을 제안했을 때 놀라지 않을 수 없었다. 이러한 제안은 그라츠 정부에서 당시 사망한 수학 교수를 대신할 사람을 추천해 달라고 튀빙겐 이사회에 요청했기 때문에 나온 것이었다.

튀빙겐 이사회는 두 가지 이유를 들어서 케플러를 추천했다. 첫 번째 이유는 케플러가 수학에 뛰어난 실력을 갖추고 있다는 것이었고 두 번째 이유는 케플러가 교회가 달갑게 여기지 않는 코페르니쿠스주의의 옹호자라는 것이었다. 이사회는 코페르니쿠스주의에 대한 케플러의 경향 등을 고려해 케플러가 교회의 성직으로부터 교수직으로 방향을 돌리는 것이 최선이라고 비밀리에 결정했던 것이다.

케플러는 잠시 망설인 끝에 결국 그 제안을 받아들였다. 1594년 4월 그라츠에 도착한 케플러의 일은 수학자이자 천문학자로서 점성술적인 예측을 하는 것이었다. 케플러는 마음 깊이 인류와 우주는 혈연관계로 연결되어 있다고 믿고 있었다. 그렇지만 또한 잘못된 프톨레마이오스 체계에 기반을 둔 기본적인 점성술적 예측은 어리석다고 믿었다.

케플러는 전통적으로 해 오던 미신과 같은 점성술을 싫어했음에도 불구하고, 추운 겨울이 닥쳐올 것과 터키의 침공을 점성술적으로 예측했다. 그런데 이 예측은 모두 사실이 되었다. 이 일로 인해 그라츠에서는 케플러를 새롭게 보고 존중하는 한편 봉급도 올려주게 되었다.

쉼 없는 마음

하지만 케플러는 그리 좋은 선생이 아니었다. 왜냐하면 케플러의 수업에 참가하는 학생 수가 매우 적었기 때문이다. 그런데 이러한 일은 케플러가 코페르니쿠스 체계에 대해서 더욱 몰두할 수 있는 충분한 시간을 갖는 좋은 계기가 되었다.

마침내 케플러는 코페르니쿠스의 태양 중심 체계에 관하여 스스로에게 진지하게 질문을 던지기 시작한다. 코페르니쿠스 체계는 태양중심설을 주장하고 있지만 여전히 고대의 자료에 의존하고 있었다. 예를 들어, 코페르니쿠스는 행성의 역행(매일매일 하늘에서 보이는 행성의 움직임은 달라지는데 대체로 행성은 서에서 동으로 움직인다. 그런데 때때로 행성이 동에서 서로 움직이는 것이 관측되는데 이것을 '행성의 역행'이라 한다)을 설명하기 위하여 행성이 돌고 있는 완전한 원 궤도에다가 주전원을 채택하고 있었다. 케플러는 스스로에게 물었다. '왜 행성들이 태양 주위를 완전한 원 궤도를 그리며 돌아야 하는가?', '왜 태양계에는 단지 6개의 행성만이 있고 그들은 그렇게 균등한 간격으로 떨어져 있는가?'

스스로에게 던진 문제를 정리하면서 코페르니쿠스의 《천구의 회전에 대하여》를 연구하는 케플러의 마음 한켠에는 항상 신비로운 태양계의 구조가 그려지고 있었다.

어느 날 수업 도중 케플러는 태양 중심 모델을 확장하는 첫 번째 이론을 발견하게 된다. 케플러는 당시 학생들에게 두 개의 원 사이에 들어맞는 삼각형의 기하학적인 모양을 그리며 수업을 하고 있었다. 그때 불쑥 케플러의 머릿속에 그 그림이 코페르니쿠스의 토성, 목성 궤도와 매우 흡사하다는 생각이 떠오르게 된다. 그 순간, 케플러는 갑작스런 영감을 얻었다. 그것은 토성과 목성 궤도 사이의 비율과, 두 개의 동심원과 삼각형 사이의 비율은 분명 같다는 생각이었다.

케플러는 목성과 화성 사이에 2차원 형태의 정사각형을 그려 넣었다. 그리고 화성과 지구 사이에는 오각형을 그려 넣고, 계속해서 지구와 금성 사이에 육각형을, 그리고 마지막으로 금성과 화성 사이에는 팔각형을 그려 넣었다. 하지만 이것만으로는 행성 사이의 균일한 간격을 유지하도록 하는 가정에 들어맞게 할 수가 없었다. 하지만 그럼에도 불구하고 그는 중요한 어떤 것과 우연히 마주쳤다는 느낌이 들었다. 그는 쉬지 않고 수학 속에서 계속 다른 생각을 해 나간다. 그때 그의 머릿속에는 새로운 이론이 떠오른다! 3차원 우주는 어떤가? 그리고 그는 원이 아닌 구를 생각한다. 케플러는 구와 정다면체(정규 입체 또는 플라톤 입체라 불린다)가 서로 포개져서 만들어지는 모형을 고안했다.

다섯 개의 정다면체

기하학에서 다섯 개의 정다면체는 모든 변의 길이가 같은 3차원적 입체이다. 입체가 정다면체가 되려면 다음 두 가지 조건을 모두 만족해야 한다. 첫째는 다면체의 각 면이 모두 같은 모양의 정다각형이어야 한다. 둘째는 각 정점에서 만나는 다각형의 수가 같아야 한다.

단지 그림(118쪽)에 소개된 다섯 개 모양만이 같은 면을 갖는 완전히 대칭적인 3차원 형상을 만들 수 있다. 각 정다면체는 구 안에 내접할 수 있다. 다시 말해서, 정다면체의 모든 정점이 구의 벽에 닿을 수 있다. 같은 방법으로 정다면체는 구에 외접할 수 있다. 이때는 구가 접하는 면이 정다면체 각 면의 중심에 닿게 된다.

케플러가 자신의 책《우주의 신비》(1596)에서 제시하고 있는 다섯 개의 정다면체를 이용한 새장 모형은 나중에 잘못된 것으로 판명된다. 태양계에서 행성들의 위치는 본질적으로 대칭적인 것이 아니었으며, 태양과 행성으로부터의 질량에 미치는 중력의 영향으로 결정되는 것이다.

케플러는 코페르니쿠스 학설을 증명하기 위해 시도했다.

케플러는 다섯 개의 정다면체를 태양계 여섯 개의 행성들 사이에 존재하는 다섯 개의 공간에 관련시키는 방법을 발견하자 뛸 듯이 기뻐했다. 그는 마음속에 품고 있던 불가사의한 신비가 이와 같이 우연히 맞아떨어지는 일은 있을 수 없는 것이라고 생각했다. 종교에 심취했던 케플러는 신이 완전한 수학적 계획에 의해 우주를 창조했을 것이라고 믿었고, 신의 모습을 본떠 창조된 인간은 신이 남겨둔 창조의 비밀을 밝혀낼 수 있을 것이라고 확신했다. 또한 '왜 행성은 여섯 개만 존재하는가?' 하는 스스로의 질문에 대한 답도 동시에 얻

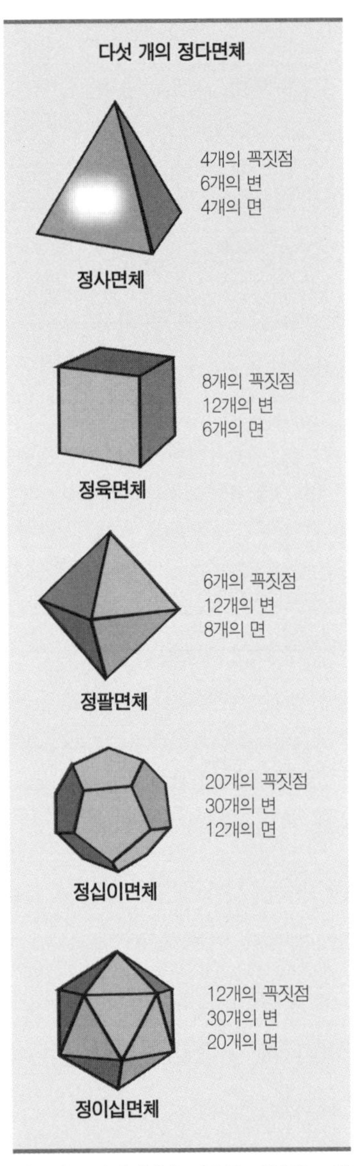

케플러는 정다면체에 기초한 태양계 모형을 고안했다. 완전히 대칭적인 3차원 형상의 정다면체는 오직 다섯 개만이 있다.

게 되었다. 그의 마음속에는 우주의 창조가 대칭적이고 완전한 조화 속에 존재해야만 했다. 다시 말해서 케플러는 다섯 개 정다면체가 갖는 완전성을 기초로 하여 당시까지 오직 여섯 개만 존재한다고 알려졌던 행성들의 대칭적인 위치를 설명할 수 있었던 것이다.

케플러의 우주 모델에서 가장 바깥에 있는 구는 토성의 천구이다. 그 적도를 따라 행성은 궤도를 그린다. 그 안쪽에 정다면체가 놓이는 순서는 다음과 같다.

토성과 목성의 천구 사이: 정육면체
목성과 화성의 천구 사이: 정사면체
화성과 지구의 천구 사이: 정십이면체
지구와 금성의 천구 사이: 정이십면체
금성과 수성의 천구 사이: 정팔면체

케플러는 태양계의 비밀을 푸는 기하학적인 열쇠를 고안한 것이다. 또한 코페르니쿠스 표에 대한 불만이었던 거리의 오차에 관한 불일치의 문제를 풀었다고 확신했다. 하지만 불행하게도 케플러가 제안한 우주 모델은 잘못된 것이었음이 나중에 밝혀지게 된다.

나중에 잘못된 것이었음이 밝혀지지만, 적어도 당시 케플러의 마음속 의문은 풀렸다. 하지만 다른 의문이 남아 있었다. 그 의문은 케플러 이전의 다른 어떤 천문학자도 제기하지 않았던 것이다. 그것은

케플러는 자신의 저서《우주의 신비》에서 코페르니쿠스주의를 지지하며 논의하고 있다. 그는 다섯 개의 정다면체가 중앙에 있는 태양으로부터 행성까지의 거리를 차례로 결정한다고 주장한다. 이는 행성의 궤도는 정다면체로 둘러 싸여 있고 그 안에 또 다른 정다면체를 품고 있음을 의미하였다.

'왜 바깥쪽 행성은 안쪽 행성보다 느리게 돌고 있는가?' 하는 것이었다. 예를 들어 첫 번째 행성인 수성은 태양 주위를 도는 데 단지 3개월밖에 걸리지 않는다. 하지만 여섯 번째 행성이며 당시로서는 가장 마지막 행성이었던 토성은 태양 주위를 한 바퀴 도는 데 약 30년이 걸린다. 케플러는 이러한 사실에 대해 태양으로부터 나오는, 어쩌면 빛과 같이 멀리 갈수록 약해지는 어떤 보이지 않는 힘이 행성들을 조종한다고 결론내렸다.

케플러는 이와 같은 결론을 1596년에 출간된 《우주의 신비》라는 책에서 제시했다. 그는 이 이론이 코페르니쿠스의 이론을 지지하는 증거라고 생각했다. 케플러는 자신의 책 사본을 덴마크의 유명한 천문학자인 티코 브라헤를 포함한 지도적인 학자들 모두에게 보냈다. 케플러의 책을 읽고 감명 받은 티코 브라헤는 코페르니쿠스의 태양 중심 모델에 동의하지는 않았지만 케플러의 천재성을 인정하고 케플러에게 우라니보그를 방문해 주도록 여러 차례 요청했다. 하지만 케플러는 먼 거리를 여행할 수 없다며 티코 브라헤의 초청을 거절했다. 사실 케플러는 그때 친구의 압력으로 예정된 결혼 일정을 조정하는 중에 있기도 했다. 케플러는 책이 출간된 이듬해인 1597년에 바바라 뮤에렉이라는 미망인과 결혼한다.

거장을 보조하다

이듬해부터 케플러에게는 시련이 닥치게 된다. 1598년 가톨릭교도이며 합스부르크 왕가의 대공 페르디난트는 개신교를 탄압하려는 의도로 다른 개신교 학교들과 함께 케플러가 몸담고 있던 대학에 폐쇄 명령을 내린다. 대공은 케플러에게 다음 해까지 가톨릭으로 개종하든지 아니면 대학을 떠나라고 명령을 내린다. 케플러는 자신의 믿음을 바꾸고 싶지 않았지만 갈 곳이 없었다. 튀빙겐도 케플러를 이단적인 코페르니쿠스주의자로 간주하여 받아들이지 않았다. 케플러는 이러지도 저러지도 못하고 있던 차에 위대한 천문학자 티코 브라헤가 프라하에서 황제 루돌프 2세의 고문 천문학자로 일하며 보조자를 찾고 있다는 사실을 알고는 신의 신성한 중재를 믿기로 한다. 케플러는 즉시 그 일을 받아들인 뒤 1600년 1월 1일 가족과 함께 그라츠를 떠나 프라하에서 티코 브라헤와 합류했다.

케플러는 티코 브라헤와 함께 일한다는 사실에 무척 고무되었다. 티코 브라헤의 관측 자료가 방대하다는 사실은 잘 알려져 있었으므로 케플러는 코페르니쿠스 학설을 지지하는 행성의 궤도를 연구하는 데 티코 브라헤의 자료를 사용할 수 있을 것이라고 믿었다. 물론 티코 브라헤는 케플러와는 다른 목적을 가지고 있었다. 티코 브라헤는 그 자신이 동의하지 않는 코페르니쿠스의 우주 모델과는 다른 티코 브라헤 자신만의 우주 모델을 정립하는 것이 목표였다. 브라헤는 자신의 자료를 케플러에게 모두 보여 주지 않고 단지 화성 궤도에 관한 자료만을 보여 주어 화성 궤도를 연구하게 했다. 화성 궤도는 모든 행성들 중에서 가장 이해하기 어려운 것으로 여겨졌다. 티코가 케플러에게 화성 궤도를 연구하게 한 것은 케플러를 위해서도 또 천문학의 진보를 위해서도 다행스러운 일이었다고 할 수 있다. 왜냐하면 궁극적으로 케플러에게 행성운동의 정확한 법칙을 찾아내도록 한 것은 태양계에서 가장 뚜렷한 타원 궤도를 도는 행성인 화성에 대한 연구였기 때문이다.

새로운 거장이 화성과 씨름하다

케플러와 브라헤가 함께 일하기 시작한 지 겨우 18개월밖에 되지 않은 1601년 덴마크의 위대한 관측천문학자인 티코 브라헤가 사망했다. 티코 브라헤의 사인은 오늘날 수은 중독이었던 것으로 새롭게 밝혀지고 있다. 티코 브라헤의 사망으로 케플러는 브라헤의 뒤를 이어 루돌프 2세의 왕궁 천문학자가 되었다. 짧은 시간 안에 케플러는 브라헤의 천문학적 자료를 손에 넣었다. 후에 브라헤 가족들이 티코의 유산을 처리하려고 했을 때 케플러에게 마지못해 이 필사본 데이터가 남겨졌다. 하지만 브라헤의 장비를 사용하는 것은 허락되지 않았다. 결국 그 장비들은 나중에 모두 잃어버리게 된다.

이제 브라헤의 모든 자료를 손에 넣은 케플러는 불가해한 화성의 궤도를 놓고 고심했다. 한때 그 수수께끼를 불과 8일 만에 풀 수 있을 것이라고 자신하기도 했던 케플러는 8년 동안 그 문제와 씨름했다. 처음에 완전한 원 궤도를 적용하려다가 실패한 뒤로도 실패와 도전을 거듭해야만 했다.

모든 시도를 다 해 본 후에 마침내 케플러는 행성의 궤도에 관해서 자신이 가지고 있는 지식을 모두 버리기로 결정했다. 그리고 완전히 새로운 과학을 공식화하기 시작했다. 달리 말해서 케플러는 행성이 완전한 원 궤도를 돈다는 전통적인 사고방식을 버리고 처음으로 천문학에 물리학을 적용했다고 할 수 있다.

그는 지구의 운동을 재검토하여 지금까지 믿어 왔던 것처럼 행성의 궤도 속도가 일정하지 않고 변한다는 결론을 내리기에 이른다. 케플러는 행성이 태양 가까이 갔을 때 궤도를 도는 속도가 증가하고 태양으로부터 멀어질 때 속도가 줄어든다는 사실을 밝혀냈다. 태양이 있는 곳에는 행성의 운동에 영향을 주는 어떤 힘이 작용한다고 생각한 케플러는 연구를 통해 행성들이 완전한 원운동을 하지 않으며, 타원 궤도나 약간 찌그러진 달걀 모양으로 움직인다는 사실을 알아냈다. 행성들의 궤도 **이심률**離心率이 그리 크지는 않지만, 원 궤도를 그린다는 믿음을 버리기에는 충분했다. 그리고 태양이 태양계의 중심에 고정되어 있으므로 행성들이 역행한다는 것을 충분히 설명 가능했다. 마침내 행성운동 뒤에 숨어 있는 진실의 미스터리를 푼 것이다.

이심률 타원 궤도의 경우 원 궤도로부터의 벗어난 정도를 나타내는 양

케플러 법칙의 공식화

프라하에서 케플러는 루돌프 2세를 위해 일하며 10년 동안 기울여 온 노력의 결실을 누리게 되었다. 그는 브라헤의 화성 관측 자료

를 토대로 태양계 역학을 풀어내는 데 바쁜 나날을 보냈다. 그것은 과학의 다른 분야에서 새로운 토대를 쌓는 일이었다.

1604년 광학 연구에 관한 책인《천문학의 광학 부문》을 출간하며 케플러는 많은 새로운 것들을 발표한다. 이때 발표한 것 중에는 사람 눈의 기능을 정확하게 설명하는 것도 있다. 이것은 지금까지 어떤 학자도 시도하지 않은 연구였다. 그는 망막 뒤에 상이 나타나는 것과 또 두 개의 눈이 어떻게 원근을 감지하는지를 위에서 내려다본 그림으로 설명하고 있다. 뿐만 아니라 처음으로 대기의 굴절을 다루었고 근시와 원시를 개선하기 위해서 렌즈를 사용하는 것에 대한 가설을 처음 세우기도 했다.

1606년에는《신성에 대하여》를 출간한다. 이 책은 1604년의 초신성, 흔히 '케플러의 초신성'이라고 불리는 별에 관한 책이다. 그리고 1609년에는 그의 가장 유명한 저서인《새 천문학》을 출간해 행성의 운동에 관한 '케플러의 3법칙' 중에서 두 가지 법칙을 설명했다.

1610년 케플러는 이탈리아의 천문학자 갈릴레오 갈릴레이가 고안한 새로운 관측기구인 망원경에 관해서 듣게 된다. 그는 갈릴레오가 지동설의 관점에서 쓴《별의 사자》를 지지하는 〈《별의 사자》와의 대화〉라는 편지를 써서 띄웠다. 그해 말 케플러는 자신만의 망원경을 구해서 목성과 목성의 위성들을 관측했다. 그는 자신이 발견한 것을 기록하고 또다시 갈릴레오를 지지하기 위해《목성에서 관측된 네 위성과의 이야기》라는 책을 출간했다.

다음 해 케플러는 망원경과 렌즈로 실험을 하면서 시간을 보냈다. 케플러는《굴절광학》을 출간하고 렌즈의 성질에 대한 첫 번째 연구를 발표했다.《굴절광학》에서 그는 새로운 망원경의 설계에 대해 제시하는데 그것은 두 개의 볼록렌즈를 사용하여 상이 뒤집어져서 확대되는 망원경이었다. 케플러가 제안한 이 망원경은 오늘날 케플러

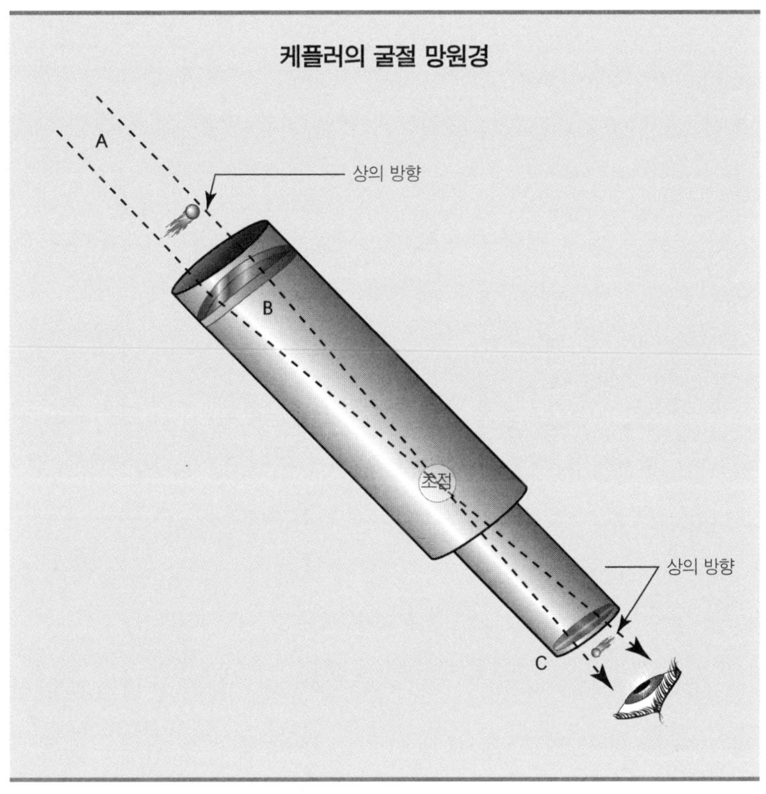

케플러의 굴절 망원경은 하늘 쪽 끝(A)에서 빛이 들어와서 평면볼록렌즈 – 바깥쪽으로 볼록한 렌즈(B) – 를 통과하여 광선이 휘어지게 하는 방식으로 작동한다. 광선이 모이는 점을 초점이라고 부른다. 빛은 접안용 볼록렌즈(C)를 통과한 다음 관측자를 위해 상을 확대시킨다.

식 굴절 망원경이라 부른다. 갈릴레이가 만든 망원경은 눈으로 들여다보는 쪽(접안경)에 오목렌즈를 사용한 것으로, 갈릴레이식 망원경이라 불린다. 접안경으로 볼록렌즈를 사용하는 케플러식 망원경은 오목렌즈를 사용하는 갈릴레이식 망원경보다 시야가 넓어서 대부분의 굴절식 천체망원경은 케플러식으로 만들어진다.

《굴절광학》이 발표되던 해 케플러에게 불행이 닥쳤다. 그의 아내 바바라와 여섯 살 난 아들 프리드리히가 병으로 사망했고 그의 뒤를 봐주던 황제 루돌프 2세는 동생인 마티아스에게 왕관을 이양하고 물러났다. 새로 즉위한 황제는 열렬한 가톨릭교도로 루돌프 황제와는 달리 개신교도에게 관용을 베풀지 않았다. 이것은 케플러에게 오랜 과학적 성취 기간이 끝났음을 알리는 신호였다. 케플러는 최고의 정상에 올랐다가 이후부터 계속 내리막길을 걷게 된다.

새로운 황제는 개신교도인 케플러에게 프라하를 떠나라는 압력을 가해 케플러는 1612년에 남은 가족들과 함께 오스트리아의 린츠로 옮겼다. 그곳에서 지방 수학자로 일하게 되었고 이듬해인 1613년 금고장이의 딸인 수산나 뤼팅거를 만나서 재혼한다.

린츠에서 케플러는 브라헤의 자료에 기초한 천문표 제작 일을 하는 한편 자신이 발견한 행성법칙을 다듬는 일을 시작했다.

마침내 1619년 케플러는 행성운동에 관한 세 번째 법칙을 완성해 저서《우주의 조화》에 실어 발표한다. 이 세 번째 법칙은 나중에 영국의 물리학자 아이작 뉴턴이 중력 보편의 법칙을 유도하는 데 중요한 초석이 되었다. 제1법칙이나 제2법칙과 달리 제3법칙의 발견이 늦게 이루어진 것은 앞의 두 가지 법칙은 하나의 화성 궤도 연구로 알아낼 수 있었지만 제3법칙은 알려진 모든 행성들에 대한 자료를 검토해야 했기 때문이다. 이렇게 하여 천체의 운동에 대한 케플러의 선구적 노력은 마침내 완성되었다. 케플러가 《우주의 조화》와 《새 천문학》을 통해 발표한 연구결과는 '행성운동에 관한 케플러의 3가지 법칙'으로 알려져 있으며 내용은 다음과 같다.

- **제1법칙**: 어떤 행성의 궤도는 태양을 하나의 초점으로 하는 타원이다.
- **제2법칙**: 행성과 태양을 잇는 선은 같은 시간 간격 동안 같은 면적을 휩쓸고 지나간다.
- **제3법칙**: 어떤 두 행성의 주기의 제곱의 비는 그들의 태양으로부터의 평균거리의 3제곱의 비와 같다.

《우주의 조화》가 발간된 해에 신성로마제국의 황제 마티아스가 사망했다. 이로 인해 황제 제위는 사촌인 페르디난트 2세에게 넘어가면서 곧 30년 전쟁의 서막이 올랐다. 페르디난트 2세는 케플러가 가르쳤던 그라츠 대학을 폐쇄시켰던 그 합스부르크가의 대공 페르디난트였다. 30년 전쟁은 개신교도와 가톨릭교도들 사이의 충돌로 벌어진 최대의 종교전쟁인 동시에 최후의 종교전쟁으로 1618년에 시작되어 1648년에야 끝났다.

케플러의 행성운동에 관한 3가지 법칙

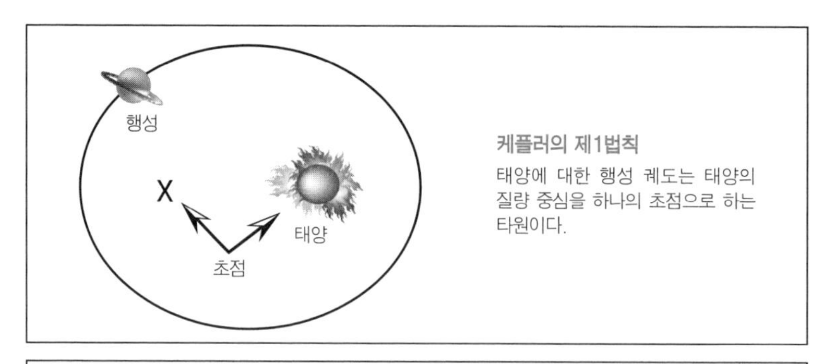

케플러의 제1법칙

태양에 대한 행성 궤도는 태양의 질량 중심을 하나의 초점으로 하는 타원이다.

케플러의 제2법칙

행성과 태양을 잇는 선은 같은 시간 간격 동안 같은 면적을 휩쓸고 지나간다.

 속도가 느려지는 운동

 속도가 빨라지는 운동

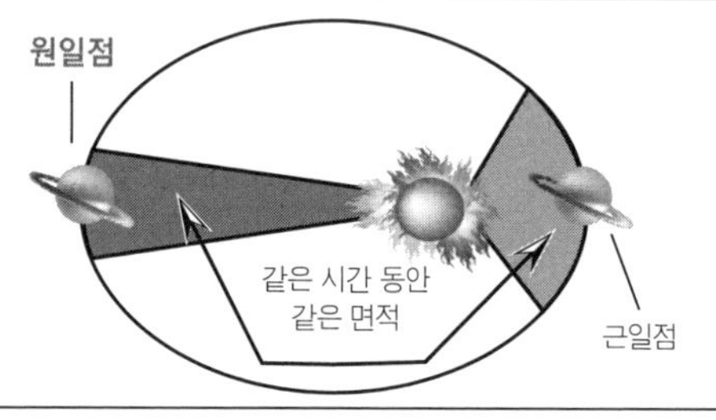

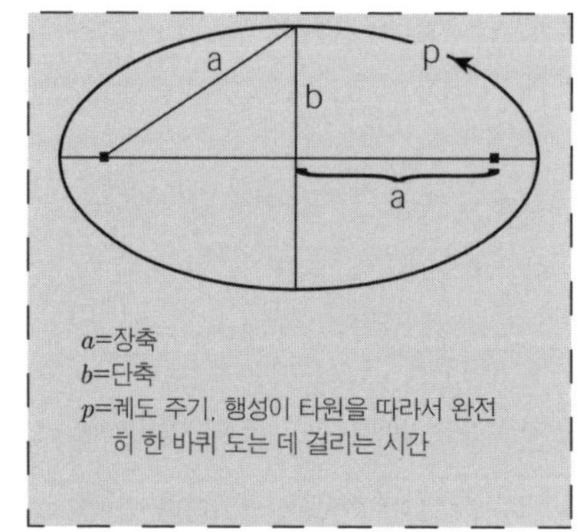

a=장축
b=단축
p=궤도 주기, 행성이 타원을 따라서 완전히 한 바퀴 도는 데 걸리는 시간

케플러의 제3법칙

어떤 행성의 궤도 주기의 제곱은 태양으로부터의 평균 반경의 3제곱에 비례한다.

$$p^2=Ka^3$$

p=행성의 궤도 주기
a=행성의 장반경
K=상수

원일점(遠日點) 태양 주위를 선회하는 천체의 궤도상에서 태양으로 가장 먼 점. 반대어는 근일점

더할 나위 없는 최고의 업적

케플러는 린츠에서 지내는 동안 다양한 팸플릿과 책을 만들고 천문표와 달력도 계속 발간했다. 그러나 그의 마음속에는 그때까지 여전히 끝마치지 못한 일이 늘 염증처럼 남아 있었다. 그 일은 프라하에 머무는 동안 루돌프 황제가 맡겼던 일로, 바다를 항해하는 사람들과 달력 제작자들이 애타게 기다리는 것이었다. 바로 '루돌프 표'를 완성하는 것이었다. 그것은 티코 브라헤가 평생 동안 수집한 관측 자료에 기초한 것으로 티코 브라헤가 죽던 해에 시작되었고, 황제 루돌프 2세의 이름이 붙은 성표星表(항성 목록)다. 케플러는 여기저기 옮겨 다녔던 22년 동안에도 그 일을 계속하고 있었다. 그 일을 끝내기란 결코 쉬운 일이 아니었지만 마침내 1627년, 케플러는 '루돌프 표'를 출간한다.

루돌프 표는 성표와 행성들의 미래 위치를 예측하는 규칙들로 구성되어 있다. 원래 티코 브라헤가 관측한 별은 777개였으나 케플러에 의해 1,005개로 확장되었다. 루돌프 표는 그 전에 사용되던 방법보다 두 배나 정확했으며 한 세기 이상 쓸모가 있는 것이었다.

루돌프 표를 완성하기는 했지만, 루돌프 표를 인쇄하기란 쉬운 일이 아니었다. 루돌프 표의 출판은 전적으로 케플러에게 달려 있었다. 인쇄비용을 감당하기도 어려웠고 린츠에는 그러한 대작을 인쇄할 인쇄기도 없었기 때문에 케플러는 출판 자금을 얻기 위해서, 그리고 적당한 인쇄기를 찾기 위해서 여행을 계속해야만 했다. 게다가

치질이 그를 괴롭혀서 때로는 말을 타고 가기도 하고 또 때로는 걸어가기도 하며 먼 여행을 계속해야 했다. 케플러는 이런 모든 장애를 극복하고 마침내 독일의 울름에서 적당한 인쇄기를 찾아냈다. 린츠를 그다지 좋아하지 않았던 케플러는 행복한 마음으로 그의 가족과 함께 울름으로 거처를 옮기고 원고를 검토했다. 그러나 케플러는 오랜 여행과 질병으로 지쳐 있었다. 루돌프 표를 인쇄하기까지 4년에 걸친 긴 여정과 계속된 불안이 그의 허약해진 몸을 완전히 망가

루돌프 표

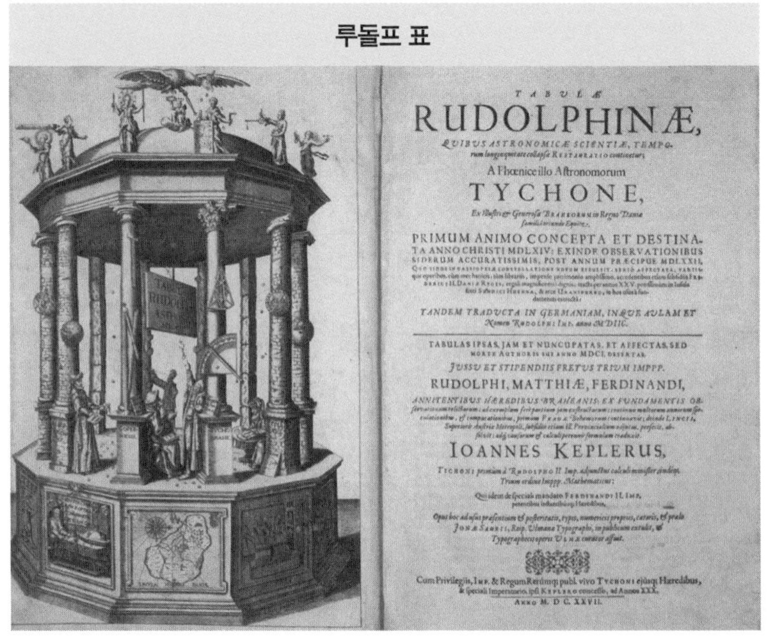
TABULÆ

RUDOLPHINÆ,

QUIBUS ASTRONOMICÆ SCIENTIÆ, TEMPO-

A Phœnice illo Astronomorum

TYCHONE,

PRIMUM ANIMO CONCEPTA ET DESTINA-
TA ANNO CHRISTI MDLXIV: EXINDE OBSERVATIONIBUS
SIDERUM ACCURATISSIMIS, POST ANNUM PRÆCIPUE MDLXXII,

TANDEM TRADUCTA IN GERMANIAM, INQUE AULAM ET

TABULAS IPSAS, JAM ET NUNCUPATAS, ET AFFECTAS, SED
MORTE AUTHORIS SUI ANNO MDCI, DESERTAS,

JUSSU ET STIPENDIIS FRETUS TRIUM IMPPP.

RUDOLPHI, MATTHIÆ, FERDINANDI,

IOANNES KEPLERUS,

ANNO M. DC. XXVII.

케플러가 직접 루돌프 표의 표지를 디자인했다. 표지는 다섯 명의 천문학자가 있는 그리스의 사원이었다. 그들은 히파르코스, 프톨레마이오스, 코페르니쿠스, 티코 브라헤 그리고 천문학 논제에 참가하고 있는 고대 바빌로니아 사람이었다. 바닥면 위의 한쪽 테이블 뒤에 앉아서 케플러가 작업하고 있다.

뜨려 그는 작업 중에 정신을 잃기도 했다.

그런 중에도 케플러는 일자리를 찾아야 했다. 1628년, 황제 페르디난트 2세의 총통인 발렌슈타인이 케플러에게 자신의 개인 점성술사가 되는 것이 어떻겠느냐고 제안했다. 케플러는 가족과 함께 발레슈타인을 위해 일하기 위해 사간으로 이사를 했다. 그런데 발레슈타인은 케플러를 단지 궁전의 진열품쯤으로 여기는 듯 진지하게 대해주지 않았고 케플러도 그 일을 싫어해 결국 사간을 떠나 새로운 일자리를 찾아야 했다. 그는 황제로부터 밀린 임금을 받기 위해 가족을 남겨두고 길을 나섰다.

1630년 11월 2일 케플러는 독일 라티스본에 도착했지만, 심한 고열로 앓아누운 뒤 계속 상태가 나빠졌다. 의식이 왔다 갔다 하는 일이 되풀이되더니 11월 15일 개신교 성직자를 침대 옆에 배석한 채 결국 일생을 마감한 4일 뒤 마을 바깥에 있는 성 베드로 공동묘지에 묻혔다. 하지만 그에게는 무덤 속에서의 안식마저 허락되지 않았다. 일생을 따라다니며 괴롭히던 지긋지긋한 종교전쟁이 그곳마저 파괴하고 말았기 때문이다.

케플러의 유산

요하네스 케플러는 빛나는 과학자였으며, 명민하고 친절하며 겸손한 사람이었다. 현대 천문학의 유년기에, 그리고 이성의 시대 초창기 내내 그는 자신의 모든 것을 인간을 사랑하는 일에 쏟았다. 그는 모든 것에 감사했으며 그 자신보다 다른 사람을 위해 많은 일을 했다. 또한 자신에게 도움을 준 사람들은 잊지 않고 도왔으며 그가 이룩하고자 했던 필생의 사업인 행성의 운동 뒤에 감추어진 미스터리를 파헤침으로써 인류를 우주의 역학을 이해하는 바른 길로 인도했다.

우리는 케플러가 일생에 걸쳐 온갖 고난과 어려움 속에 이룩해 낸 그의 업적에 찬사를 보내지 않을 수 없다. 현대 천문학은 그에게 진실로 감사해야 한다. 오늘날 케플러의 무덤은 남아 있지 않지만 그가 남긴 자필 사본은 남아 사후 약 100년 뒤 러시아에 사는 캐서린 2세의 손에 넘어갔다. 그 글은 지금 상트페테르부르크 근처에 있는 러시아 과학학술회 풀코프 천문대에 보관되어 있다.

마법과의 전쟁

1615년 초에 케플러가 자신의 책《우주의 조화》에 대한 작업을 시작했을 때 종교재판소의 판사는 케플러의 어머니 캐서린을 마녀로 고발한다. 케플러는 어머니를 변호하기 위해 6년간에 걸친 노력을 기울였고, 그 고발은 기각되었다. 그동안 72세가 된 케플러의 어머니는 14개월을 사슬에 묶여 갇혀 있어야만 했다. 결국 케플러의 어머니는 무죄 방면된 지 불과 6개월 만에 숨을 거두게 된다.

어머니를 위하여 비용이 많이 드는 법정 싸움을 벌여야 했던 그 시기에도 케플러의 과학적 업적은 멈추지 않았다. 1617년에 케플러는 그의 가장 거대한 대작《코페르니쿠스 천문학 개요》를 출간했다. 코페르니쿠스 학설의 개정판이라 할 수 있는 이 책에서 케플러는 자신의 새롭게 형식화된 천체역학을 화성뿐만 아니라 지구의 달을 포함하여 모든 행성에 적용하고 있다. 따라서 이것은 사실 코페르니쿠스 체계가 아니라 케플러 체계로 간주되어야 할 것이다.《코페르니쿠스 천문학 개요》는 근대 천문학의 발전에 매우 중요한 저서이다. 케플러의 체계는 코페르니쿠스 체계 속에 남아 있던 모든 불완전한 요소를 모두 날려 버린 것이었다. 케플러 체계 속에는, 당시 천문학의 혁명을 부르짖던 다른 모든 천문학 관련 간행물 속에 여전히 존재하던 것들, 심지어 지동설을 신봉하던 갈릴레오의 책에서조차 존재하던 불완전한 요소들을 모두 극복하고 있다. 케플러의 모델은 행성의 궤도에서 완전한 원(타원이 아닌)과 주전원을 모두 없애버린 보편적이고 완전하며 정확한 것이었다.

연 대 기

1571	독일의 바일에서 12월 27에 출생
1577	처음으로 혜성 관측
1580	처음으로 월식 관측
1589	독일 튀빙겐 개신교 대학 입학 코페르니쿠스 이론을 알게 됨
1591	예술학 석사 학위를 받음. 신학 공부를 계속함
1594	오스트리아, 그라츠 수학교수직을 받다.
1596	유명한 저서《우주의 신비》출간, 우주의 새로운 모델을 기술함
1600	프라하에서 덴마크 천문학자 티코 브라헤의 조수로서 일함
1601	브라헤의 죽음으로 브라헤의 계승자로 지목받음
1604	《천문학의 광학 부문》출간, 처음으로 대기의 굴절을 논함
1606	1604년의 초신성에 대한 책인《신성에 대하여》출간

1609	《새 천문학》 출간, 행성운동의 처음 두 가지 법칙을 기술하다
1610	새로 만든 망원경으로 갈릴레오가 발견한 것을 지지하며《목성에서 관측된 네 위성과의 이야기》 출간
1611	《굴절광학》 출간. 그의 새로운 망원경(케플러식 망원경)에 대하여 기술
1612	프라하에서 쫓겨나 오스트리아 린츠에서 직업을 얻음
1617	태양 중심 이론에 관한 책인《코페르니쿠스 천문학 개요》 출간
1619	《우주의 조화》 출간. 행성의 운동에 대한 세 번째 법칙을 발표
1627	'루돌프 표'를 출간, 행성들의 미래의 위치를 정확하게 예측한 내용을 싣고 있음
1630	독일의 라티스본에서 11월 15일 병으로 사망

벤저민 배네커는
47살의 나이에 독학으로
천문학을 깨우쳤고,
정확한 천체력으로
천문학을 보편화시켰다.

Chapter 5

천문학을 일상 속에 심은 의지의 천문학자,

벤저민 배네커

Benjamin Banneker
(1731~1806)

첫 아프리카계 미국인 천문학자

벤저민 배네커는 시계 제작자이자 농부였으며 노예해방운동가였다. 하지만 역사가 기억하는 그의 모습은 첫 아프리카계 미국인 천문학자이다. 배네커의 놀라운 점은, 18세기의 대표적인 천문학자로 기억되고 있는 그가 현대인 대부분이 슬슬 은퇴를 생각하는 나이인 57세까지도 천문학에는 문외한이었다는 사실이다.

그가 이룬 성공은 알려진 사실들보다 더욱 뛰어난 것들이다. 그 당시 미국에는 노예제도가 있었기에 아프리카 출신의 미국인은 중요한 일을 하는 것이 금지되어 있었고 사람들의 주목을 끌지도 못했다. 하지만 벤저민 배네커는 천문학을 연구하고 과학적 기술을 활용하여 자신의 존재를 증명했다. 또 1791년 워싱턴 D.C.의 정치적 지역조사팀에서 보인 그의 경력은 아프리카계 미국인도 동등한 기회와 권리가 주어진다면 다른 인종들처럼 중요한 일에서 성공적인 업적을 이룰 수 있다는 사실을 증명해 주었다.

자유 속에서 태어난 삶

노예제도가 엄격하던 미국에서 벤저민 바나카는 노예의 자손으로 태어났다. 하지만 다행스럽게도 벤저민의 할아버지는 노예에서 해방된 신분이었기 때문에 벤저민 역시 노예라는 굴레를 짊어질 필요는 없었다.

가족 농장에서 자란 벤저민에게 어머니는 성경을 읽도록 가르쳤다. 어려서부터 벤저민은 머리가 좋았고 사물을 관찰하는 능력이 뛰어났다. 성서를 공부하면서 얻은 지식이 곧 할머니를 앞지를 정도로 벤저민은 영리했다. 이에 벤저민의 능력을 키워 주고 싶었던 할머니는 당시 최근에 설립된 지역 학교에 보내 공부할 수 있도록 도와주었다. 이 학교의 선생님은 벤저민의 성을 바나카에서 배네커로 바꾸어 주었다.

학교에서 공부하는 동안 벤저민은 다른 아이들과 노는 것보다는 책을 가까이하는 것을 즐겼다. 그 때문에 다른 아이들에게 따돌림과 괴롭힘을 당하기도 했지만 벤저민은 그럴수록 점점 더 자신의 지적 세계 속으로 파고들었다. 그의 호기심과 물음은 끝이 없었고 벤저민의 지적 능력은 나날이 성숙해 갔다.

하지만 농장에서 생활하는 벤저민에게 학교생활을 충실히 한다는 것은 무척 어려운 일이었다. 결국 학교를 그만둔 그는 책을 읽으며 혼자서 공부할 수밖에 없었다. 그렇다고 학교와 인연을 완전히 끊은 것은 아니었다. 읽던 책을 다 읽고 나면 수 킬로미터 떨어져 있는 학교까지 가서 선생님에게 책을 빌려 왔다. 이 무렵 벤저민은 수학에서도 놀라운 재능을 보인다.

벤저민은 학교를 떠난 이후로 남은 일생 동안 책을 통해서 혼자서 공부하며 깨우쳤다. 바나카 농장에서 멀리 떨어진 곳에 매우 경관이 수려하고 한적한 곳이 있었는데, 벤저민은 이곳의 아름다운 환경에 둘러싸인 채 자연과 특별한 감성을 나누며 공부하는 시간을 가졌다. 그리고 자연과 호흡하며 공부하는 동안 벤저민은 자연과학이 무척 매력적인 학문이라는 사실을 깨닫게 되었다. 자연과학은 벤저민의 예민한 성격에도 잘 어울리는 학문이었다. 그가 천문학에 정식으로 뛰어든 것은 그로부터 먼 훗날의 일이지만, 이때부터 벤저민은 자연과 우주에 대한 호기심을 키워 나갔던 것이다.

재능으로 첫 명성을 얻다

벤저민의 수학적 능력은 단지 머릿속에 숫자로 저장되어 있지는 않았다. 그는 수학을 생활 속에서 응용하여 주위 사람들에게 도움을 주었다. 아직 숫자의 개념도 잡혀 있지 않은 시골 마을에서 벤저민은 수학적 지식을 활용하여 땜장이나 대장장이 등 지역의 기술자들이 보다 기술을 발전시킬 수 있도록 도움을 줄 수 있었던 것이다. 가족농장도 벤저민의 관개기술에 힘입어 크게 성공할 수 있었다.

1751년, 스물한 살이 된 벤저민은 처음으로 주머니 시계를 보았다. 시계의 복잡한 구조에 매력을 느낀 그는 하나를 빌려 세심하게 살펴본 후 기억을 되살려, 그로부터 1년 뒤 투박하기는 했지만 벽시계를 만들었다. 그가 시계를 만들었다는 소문은 금세 퍼져 나갔다. 사람들은 모두 그의 손재주를 놀라워했다. 당시에는 소수의 부유층을 제외하고는 대부분의 사람들이 볼 수 있는 시계는 해시계와 모래시계뿐이었다. 그 후로 벤저민은 시계뿐만 아니라 수학적 지식을 응용하여 실생활에 많은 도움을 줌으로써 똑똑하고 현명한 사람으로 그 지역에서 존경받았다.

1759년 7월 10일, 벤저민의 아버지 로버트 바나카가 사망한 뒤 할머니 몰리도 세상을 떠났다. 그러자 가족농장에서 벤저민과 그의 어머니 메리는 찬밥 신세가 되고 말았다. 벤저민은 농장에서 독립하여 어머니와 함께 농작물을 돌보고 벌을 키우며 살았다. 가끔 기술적인 문제로 벤저민의 도움이 필요한 사람들이 그의 집을 방문하고는 했다.

벤저민 배네커는 겸손한 사람이었다. 미국에 '산업화'라는 바람이 불어오기 전까지 여러 해 동안 그는 어머니와 함께 소박하고 단순하게 살았다.

영향력 있는 사람과의 만남

1772년 성이 엘리코트인 4형제의 가족이 이사를 왔다. 그들은 파타프스코 강 부근의 땅을 사들여 제분소와 가게를 열었다. 제분소에는 수차와 같이 복잡한 종류의 기계와 도구가 많았다. 당시 마흔한 살이 된 벤저민 배네커의 유일한 꿈은 하루하루 발전하는 삶이었다.

그동안 외롭게 지냈던 벤저민은 제분소에서 일을 하기 시작하면서 자신의 과학적인 기술을 발전시킬 수 있는 실제적인 시간을 가질 수 있었다.

엘리코트 가족 중에 열두 살 난 조지가 있었다. 벤저민과는 29살이라는 나이 차이가 있었지만 두 사람은 좋은 친구로 지냈다.

몇 년 뒤 천문학에 관심을 갖기 시작한 조지 엘리코트는 천문학과 관련된 책과 기구들을 영국에서 수입하기 시작했다. 천체의 구 모형과 망원경도 여러 개를 갖고 있었다. 조지의 천문학 기구들은 벤저민 배네커에게 영감을 심어 주었다. 그는 조지와 함께 있으면서 끊임없이 천문학 기구들을 관찰하며 만족스러운 시간을 보냈다.

57세 나이에 천문학에 매달리다

1788년, 여전히 식지 않는 열정을 지닌 쉰일곱 살의 벤저민 배네커의 관심은 천문학으로 향해 있었다. 천문학은 그의 삶에 있어서 그 어느 것보다도 매력적인 과제였다.

책과 기구, 망원경 따위를 몽땅 가지고 벤저민의 농장으로 온 조지는 망원경을 튼튼한 탁자에 올려놓고 천체를 관찰하기 위한 기구도 설치했다.

벤저민이 읽은 첫 천문학 관련 서적은 제임스 페르구손이 쓴《젊은 신사숙녀를 위한 알기 쉬운 천문학의 길잡이》였다. 이후로 보다 자세하고 전문적인 책을 읽었는데, 독일의 지도 제작자이자 천문학자이며 독학으로 수학을 공부한 요한 토비아스 메이어가 쓴《메이어의 월력표》(1753)였다. 벤저민은 찰스 리드베터가 쓴《천문학의 완전한 체계》(1742)을 직접 구입하기도 했는데, 당시에는 가장 이해하기 쉽고 진보적인 천문학 서적이었다.

조지가 바쁜 일정 때문에 더 이상 벤저민을 가르칠 시간을 낼 수 없게 되자 벤저민은 또다시 혼자서 공부해야 했지만, 별다른 어려움은 없었다. 1789년 초 책을 주의 깊게 읽은 뒤 벤저민은 망원경을 가지고 자신이 공부했던 것을 토대로 매일 밤 몇 시간씩 밤하늘을 관찰했다. 천문학은 농장을 확장해야 한다는 책임감으로 우울해 있던 그를 붙잡아 주었다. 땅을 소홀히 하는 것은 죄라고 생각했음에도 불구하고 벤저민은 새롭게 빠져든 학문의 매력에서 벗어나지 못했다. 그의 삶이 새로운 목적을 발견한 것이었다. 자신의 친구 조지 곁에서 그는 손에 잡히지 않지만 뜨거운 무언가를 얻었고, 그것은 벤저민에게 큰 즐거움을 주었다.

농부에서 천문학자로

벤저민은 낮에는 농작물을 돌보고 밤이 되면 열정적으로 천문학 탐구에 들어갔다. 그는 곧 일식이나 월식을 비롯한 천문학적 예측에 관한 자신의 계산을 기록한 관측 일지를 쓰기 시작했다.

벤저민의 천문학적 재능을 믿고 지지했던 조지는 벤저민과 천문학 연구 작업을 함께 했다. 벤저민은 조지를 실망시키는 법이 없었고 조지는 벤저민에게 천문학자로서의 존재에 대한 믿음을 갖도록 용기를 주었다.

천문역표를 제작하려던 벤저민의 아이디어는 후에 그가 천체력을 편집할 수 있도록 하는 데 좋은 경험이 되었다.

화려한 창작과 암울한 실망

천체력을 만든 벤저민 배네커의 시도는 아프리카계 미국인 어느 누구도 도전하지 않은 일이었지만, 그는 결코 움츠러들지 않았다. 그는 자유인이었고 마음먹은 것은 무엇이든지 할 수 있었다.

벤저민은 잠시도 쉬지 않고 매달릴 만큼 열정적으로 천문역표 만드는 작업에 열중했다. 당시 어머니 메리는 이미 세상을 떠나고 난 뒤였다. 그는 농장 관리인으로서 모든 책임을 맡고 있었다. 농장 일을 돌보면서도 1790년 중반 그는 오랜 시간 데이터를 구성했고, '1791년 천문역표'를 편집해 나갔다. 새해가 다가오고 있었다. 그의 충실한 목각 시계는 매시간마다 종을 쳐서 시간이 흘러가고 있음을 알려 주었다. 벤저민은 원고가 완성되면 유망한 출판사에 보내서 새해에 출판하려고 마음먹고 있었다.

마침내 벤저민 배네커는 천문역표를 완성했다. 어마어마한 작업이었고, 최상의 결과물이었다. 벤저민은 그것을 볼티모어에 있는 출판업자 고다드와 앤젤에게 보냈지만 실망스럽게도 즉시 거절당했다. 다른 출판사에도 시도해 보았지만 결과는 마찬가지였다. 벤저민은 세 번째 시도로 고다드의 라이벌인 존 헤이에게 원고를 보냈다. 헤이는 저명한 조사 연구자 메이어 앤드류 엘리코트와 절친한 출판업자였고, 메이어 앤드류 엘리코트는 벤저민의 가까운 친구인 조지의 사촌이었다.

메이어 앤드류 엘리코트는 필라델피아에 살면서 최근 몇 년 동안 여러 권의 천체력을 출판해 왔다. 헤이는 벤저민의 천체력이 우수하다면 출판하겠노라고 한 뒤 메이어 엘리코트를 감수자로 선정하여 벤저민의 원고를 보냈다. 하지만 결국 헤이는 벤저민의 원고를 출판하지 않는 쪽으로 방향을 잡았다. 이유는 자신의 독자들이 엘리코트의 천체력에 익숙해 있다는 것이었다. 다른 작가는 환영하지 않는다는 것이었다.

어느새 새해가 가까워지고 있었다. 벤저민의 천체력은 시기를 놓쳤고 다른 이가 만든 1791년 천체역서가 출간되었다. 벤저민은 황폐한 마음과 쓰디쓴 실망을 안고 자신의 농장으로 쓸쓸히 물러났다.

운명의 손을 빌리다

암흑 속을 헤매는 것처럼 보였던 벤저민 배네커의 운은 앞으로 나아가기 시작했다.

지난 몇 년 동안 노예제도 반대운동이 일어났다. 1774년 12월 미국 의회는 노예무역을 폐지시켰고, 영국으로부터 노예를 수입하

거나 매매하는 일이 법적으로 금지되었다. 그리고 자유흑인협회라는 조직이 결성되었다. 이 협회가 하는 일은 흑인이 하급 인종이 아니라는 증거를 수집하고 노예제도의 잔재로부터 흑인들이 완전히 해방되도록 하는 것이었다.

1790년 10월 메이어 앤드류 엘리코트는 벤저민이 자신에게 썼던 편지를 제임스 펨베르튼에게 보냈다. 벤저민의 편지에는 자신이 쓴 천체역서에 대한 확신이 담겨 있었으며, 자신의 재능이 메이어 앤드류 엘리코트의 연구에 도움을 줄 수 있을지도 모른다는 내용이 실려 있었다. 편지를 본 펨베르튼은 아프리카계 미국인 전체를 위한 자유흑인협회의 목적과도 일치하며 자유 흑인으로서 벤저민의 일이 중요하다는 사실을 간파했다. 하지만 벤저민의 천문학적 업적이, 아프리카인의 지적 수준이 다른 어느 인종과 비교해서도 뒤떨어지지 않는다는 사실을 증명하는 수단이 되기에는 부족했다. 그래서 벤저민의 편지 사본을 볼티모어 협회장인 조셉 타운센드에게 보냈으며, 조셉 타운센드는 존 헤이에게 벤저민 배네커의 **천문력**天文曆을 상세하게 조사해 줄 것을 요청했다.

천문력 천체 정보, 예를 들어 달의 위상 변화, 밝은 별, 행성들에 대한 매일의 예측과 위치를 담고 있는 한 해의 달력에 사용하도록 발행된 표

하지만 '1791년 천체력'을 출간하기에는 시기적으로 너무 늦어 벤저민 배네커는 새로운 '1792년 천체력'을 편집하기 시작했다.

예상치 못했던 사건의 전환

1791년 초 벤저민 배네커는 메이어 앤드류 엘리코트의 예기치 못한 방문을 받았다. 이러한 일에는 물론 정치적 계산이 숨어 있었다.

메릴랜드 주와 버지니아 주가 새로이 미합중국에 편입되었다. 조지 워싱턴이 직접 선거로 미국 초대 대통령이 되었다. 당시 시장市長은 선거를 앞두고 지역에 대한 조사를 하기 위해 새로운 두뇌들을 모집하고 있었다. 메이어 앤드류 엘리코트는 시장의 재선을 돕기 위한 지역조사 연구소에 벤저민이 합류해 주기를 바라고 있었다. 벤저민은 보조 수행자로 메이어 앤드류 엘리코트와 함께 일하게 되었다.

곧 벤저민은 팀에서 뛰어난 재능을 발휘했다. 시장도 그의 능력에 대단한 만족감을 표시했다. 벤저민의 여동생이 곁에 살면서 대신 농장을 관리했다.

벤저민 배네커는 여러 가지 일을 하면서 큰 공헌을 했지만 그것은 어디까지나 메이어 엘리코트의 보조자로서일 뿐이었다. 그는 줄곧 통계를 내면서 메모를 했으며, 그 지역의 기초적 데이터를 마련하기 위해 천문기구를 이용했다. 그는 너무 바빠서 아예 텐트에서 살다시피 하며 일을 했다. 그러는 동안 짬이 나면 '1792년 천체력'을 만드는 데 활용했다.

배네커는 이제 예순 살이 되었다. 기온이 들쑥날쑥해서 곤혹을 치를 때가 많았고, 독한 음료를 좋아했기 때문에 그의 건강은 하루가 다르게 악화되었다. 그는 자신의 일에 만족하지는 않았지만 주위 사람들과는 친하게 지냈다. 그로부터 넉 달 후 벤저민은 자신의 농장으로 돌아와 휴식을 취하면서 천체력을 써 나갔다.

벤저민의 첫 천체력

벤저민 배네커는 메이어 엘리코트로부터 천문학에 대한 많은 것을 배워 지식을 쌓아 가며 새 천체력을 써 나갔다. 1791년 6월 집으로 돌아온 두 달 뒤 벤저민은 '1792년 천체력'을 끝냈다. 그리고 그것을 두 명의 인쇄업자에게 맡겼다.

볼티모어에 있는 고다드와 엔젤, 필라델피아의 크럭생크와 험프리는 천체력을 집필하는 벤저민의 능력을 최고로 인정해 출판에 동의했다. 벤저민의 바람에 따라 제임스 펨베르튼과 자유흑인협회가 출판인 입장에서 벤저민을 지지해 주었다. 다음은 1791년 12월 말 아침 볼티모어 신문에 실린 광고 문구이다.

> 뛰어난 평가를 받은 벤저민 배네커의 '1792년 천체력'이 인쇄되어 도매와 소매로 팔렸다.

고다드와 엔젤, 크럭생크와 험프리, 핸슨과 본드 등의 출판업자들이 논의한 끝에 드디어 벤저민 배네커의 '1792년 천체력'은 시장에 선을 보였고, 많은 독자들의 사랑을 받았다.

벤저민에게 더 이상의 행복한 일은 없었다. 그는 친구들에게 무한한 감사를 보냈다. 그는 뛰어난 재능으로 수많은 지지를 받았으며 특히 미국의 저명한 지리학자 메이어 앤드류 엘리코트를 포함한 엘리코트 가족의 전폭적인 지지를 받았다. 벤저민의 천체력이 성공을 거둔 이유는 많은 이들의 찬사 외에도 천체력 자체가 너무나 훌륭했기 때문이었다.

벤저민의 천체력의 상업적 성공은 아프리카계 미국인으로써의 매우 중요한 업적이었을 뿐만 아니라 노예제 폐지를 강화하는 중요한 열쇠가 되었다. 벤저민 배네커는 자신의 업적을 통해 아프리카인의 지능이 어떤 인종에게도 뒤지지 않는다는 사실을 증명해낸 것이다.

18세기 천체력의 중요성

1639년, 영국의 식민지였던 미국 국민들은 천체력과 성경, 이 두 종류의 책만 접하도록 제한되었다. 천체력은 집집마다 하나씩은 갖추고 있었지만 가정용 달력은 단지 날짜를 알려주는 기능만 제공할 뿐이었다(일반 가정의 달력은 제대로 인쇄가 되어 있지 않았다). 해마다 천체력은 다가올 새해를 위해 만들어졌으며, 새해가 시작되기 전에 구매할 수 있었다.

원래 천체력은 해가 뜨고 지는 시각이나 주된 별key star의 시각을 계산하는 데 이용되었다. 항해자는 고정된 별을 보고 자신의 위치를 판단하거나, 조수를 예측할 때 천체력을 이용했다. 농부는 땅에 쟁기질을 하거나 곡식을 심을 시기를 알기 위해 천체 예측을 이용했으며, 달의 위치와 모양을 보고 추수할 때를 결정했다.

벤저민 배네커의 천체력은 점차적으로 부가 정보를 제공하기 시작해 날씨를 예측할 수 있게 한다거나, 그날의 역사적 사건, 점성술을 병기하고, 시詩까지 싣는 등 작은 신문 역할을 해 주었다.

이 나이 든 농부의 천체력은 계속 발전을 거듭해서 요리 재료, 요리 비법, 정원 손질하는 방법, 오래된 유행의 고전적인 정보를 포함하고 있었다. 또한 귀뚜라미 우는 횟수에 따라 바깥 온도를 판단하는 방법을 적어 놓기도 했다. 그 당시 많은 사람들이 해마다 그 기초적인 정보에 의존했기 때문에 벤저민의 천체력이 없는 생활은 생각할 수도 없을 정도였다.

마지막 해

벤저민 배네커의 첫 천체력은 성공을 거둔 1792년 이후 매년 출간되었다. 그의 '1793년 천체력'에는 1791년 토마스 제퍼슨의 비서와 주고받은 서신도 실려 있다. 이 편지의 내용을 보면, 벤저민은 자신의 천체력을 복사해서 토마스 제퍼슨의 비서에게 보내면서 '이 천체력은 지적 능력이 떨어지는 하급 지능을 소유한 사람이 만든 것'이라고 밝히고 있다. 흑인을 비하하는 발언을 했던 토마스 제퍼슨에게 일종의 도전장을 내민 것이다. 그런데 도리어 토마스 제퍼슨

벤저민 배네커의 천문역표

1792

June Sixth Month Hath 30 Days

Full ○	4··7··55	Aft	
Last Q.	11··1··10	Aft	
New ☽	19··7··49	Morn	
First Q.	27··5··10	Morn	
☊ 1	♍	30	Deg.
11		29	
21		29	

D	☉	Planets Places ♄	♃	♂	♀	☿	☽
	♊	♈	♎	♍	♉	♉	Lat.
1	11	28	22	24	24	19	2 N
7	17	29	22	26	♊1	25	5 N
13	23	♉0	22	29	8	♊0	2 S
19	29	1	22	♎0	16	9	5 S
25	♋ 4	1	22	2	24	17	1 S

M D	W D	Remarkable Days Aspects	Weather	☉ Rise	☉ Sets	☽ Long	☽ Sets	☽ South	☽ Age
1	6		warm	4··43	7··17	6··27··6	14··57	9··28	12
2	7		weather	4··42	7··18	7··10··56	15··39	10··20	13
3	G	Trinity Sunday		4··42	7··18	7··25··4	♉	11··17	14
4	2		some	4··41	7··19	8··9··25	rise	12··16	15
5	3	Spica ♍ Sets 1··47	appearance	4··41	7··19	8··24··2	8··18	13··15	16
6	4		rain	4··41	7··19	9··8··46	9··17	14··24	17
7	5			4··40	7··20	9··23··26	10··12	14··12	18
8	6	☌ ♀ ☿	Sultry	4··40	7··20	10··8··2	10··56	16··8	19
9	7		hot	4··40	7··20	10··22··31	11··40	17··2	20
10	G	1st Sunday after Trinity	weather	4··39	7··21	11··6··45	12··18	17··54	21
11	2	St. Barnabas		4··39	7··21	1··20··39	12··49	18··42	22
12	3	☌ ☉ ♃	moderate	4··39	7··21	0··4··15	13··23	19··30	23
13	4	☿ great elongation 22°53'	gentle	4··39	7··21	0··7··26	14··1	20··18	24
14	5		breezes	4··39	7··21	1··0··22	14··35	21··6	25
15	6	Pegasi Markab rise 10··32		4··38	7··22	1··13··1	15··8	21··53	26
16	7			4··38	7··22	1··25··24	15··48	22··40	27
17	G	2nd Sunday after Trinity St. Alban		4··38	7··22	2··7··32	16··27	23··27	28
18	2			4··38	7··22	2··19··30	♂	♂	29
19	3	Days 14··44	cloudy	4··38	7··22	3··1··34	Sets	0··14	☽
20	4	☉ enters ♋	and like	4··38	7··22	3··13··15	7··38	0··55	1
21	5	Longest Day	for	4··38	7··22	3··25··4	8··40	1··44	2
22	6		rain	4··38	7··22	4··7··0	9··30	2··38	3
23	7	☌ ♃ ♀		4··38	7··22	4··19··2	10··6	3··25	4
24	G	3rd Sunday after Trinity St. John Bap.		4··38	7··22	5··1··13	10··36	4··5	5
25	2			4··38	7··22	5··13··39	11··7	4··50	6
26	3		thunder	4··38	7··22	5··26··19	11··41	5··34	7
27	4	♃ Sets 1··2	gusts	4··38	7··22	6··9··20	12··12	6··22	8
28	5		and rain	4··38	7··22	6··22··40	12··48	7··12	9
29	6	St. Peter and Paul	toward	4··39	7··21	7··6··7	13··22	8··3	10
30	7	Days Decrease 2 m	the end	4··39	7··21	7··20··16	14··10	8··58	11

벤저민 배네커의 천문일지 한 페이지를 옮긴 것이다. 원본 원고는 현재 메릴랜드 역사학회에 보관되어 있다.

은 벤저민 배네커의 과학적 업적을 칭찬했다.

말년에 벤저민은 건강이 악화되어 고통의 나날을 보냈다. 그의 농장 역시 점차 기울고 있었다. 나이가 든 벤저민은 땅을 돌볼 수가 없어 다른 사람에게 임대하려고 했지만 그 역시 잘되지 않았다. 임대료 수입은 거의 없었고 가축도 잃어버린 그는 죽을 때까지 정원과 농장에 딸린 집에 머물게 해 달라는 조건으로 엘리코트에게 농장을 팔았다.

그럼에도 불구하고 그는 낮 동안 잠을 자고 밤에는 별을 관측하며 죽을 때까지 밤하늘을 살피는 일은 멈추지 않았다. .

1806년 10월 9일 맑은 가을날 아침, 그는 생의 마지막 시간을 맞이했다. 지인이 그를 찾아와 평상시처럼 산책을 하고 두 시간 동안 담소를 나누었다. 갑자기 몸 상태가 악화된 그는 농장으로 돌아와 소파에 누웠다. 그리고 오래지 않아 영원히 깨지 않을 깊은 잠에 빠졌다.

이틀 뒤에 장례식이 있었다. 얼마 지나지 않아 그가 살던 집에 화재가 났다. 그가 소유했던 모든 것은 재로 변했다. 어떤 사람들은 그 화재가 고의에 의한 것이라고 수군거리기도 했다.

사람이 가고 그가 소유했던 것도 사라졌지만, 독학으로 모든 것을 익혔던 한 천문학자의 삶의 연대는 남아 있다. 벤저민 배네커는 자신의 뛰어난 천체력을 통해서 사람의 피부색과 지적 능력은 아무런 상관이 없다는 사실을 스스로 증명했다. 그리고 그가 남긴 천체력은 그 시대 최고의 작품으로 기억되고 있으며, 오늘날의 생활 속에도 깊숙이 흔적을 남기고 있다.

할머니 몰리 웰시

벤저민의 할머니 몰리 웰시는 영국에 살던 흑인으로, 우유 짜는 일을 하던 하녀였다. 그녀의 원래 성은 엘루시브였는데, 웰시와 월시를 쓰기도 했으며, 웰시라는 성을 더 좋아했다.

열일곱 살이었던 몰리는 어느 날 아침 우유를 다 짠 뒤에 양동이를 옮기다가 바닥에 쏟고 말았다. 그런데 몰리의 고용주는 어처구니없게도 그녀가 우유를 훔쳤다는 죄목을 씌워 고소했고 결국 그녀는 체포되었다. 당시 절도는 중범죄에 속했다. 몰리는 교수형 판결을 받았지만 다행히 법률조항에 중죄인이라도 성경을 읽을 수 있다면 왕의 명령 하에 자비를 얻을 수 있다는 구절이 있었다. 몰리는 큰 소리로, 성경의 구절구절을 정확하게 읽어 목숨을 건질 수 있었다. 하지만 7년 동안 영국 밖으로 추방한다는 조건이 달려 있었기 때문에 더 이상 영국에 머물 수가 없었다. 당시에 이 조건은 아메리카 식민지로 추방한다는 뜻이었다(그 당시 영국은 미국을 식민지로 생각하고 있었다).

어쩔 수 없는 상황에서 몰리는 대양을 건너 7년 동안 미국에서 노예로 일해야 했다. 계약노예 상태로, 이것은 추방 전에 결정된 것이었다. 상선의 선원들은 죄수들을 바다 건너 새로운 세계의 농장 주인에게 팔려고 기다렸다. 이들은 노예를 팔아 생긴 이익금을 영국에 돌아가는 여비로 이용했다. 항해 생활은 비참했고, 배의 위생 상태는 최악이었다.

1683년, 몰리는 수백만 명의 '7년 죄수 승객' 중 한 사람으로 치자피크 베이에 도착해 곧 노예로 팔렸다. 노예제도는 노동력이 필요한 땅에서 인력을 충당할 수 있는 가장 흔한 방법이었으며 새로 농장을 만든 농장주들이 가장 선호하는 고용 형태였다. 메릴랜드 주 파타프스코 강가에 있는 담배 농장으로 팔려간 그녀는 곧 들에 나가서 일을 하게 되었다.

1690년, 몰리는 드디어 7년형의 노예생활을 끝내고 석방되었다. 정당하게 급여를 받고 일을 할 수 있게 된 것이다. 몰리는 일손이 필요한 농장에 가서 일을 하며 생계를 이어 나갔다. 황소를 돌보고, 짐마차를 끌거나 쟁기 끄는 일도 했다. 세탁과 농작물의 씨 뿌리는 일도 마다하지 않았다. 몰리는 노예로 일했던 농장에서 멀지 않은 파타프스코 강 가까이에 살면서 몇 년 동안 열심히 인디언의 옥수수와 담배를 수확해 주고 번 돈을 저축했다.

돈을 벌게 되자 그녀는 부두로 여행을 떠나기도 했다. 그리고 최근에 아프리카에서 도착한 배에서 두 명의 노예를 샀는데 그중 한 명이 바나카였다. 그는 아프리카 왕의 후손이었고, 나중에 벤저민 배네커의 할아버지가 되었다.

실비오 베니디가 펴낸 《벤저민 배네커의 삶》이란 책에서 저자는 바나카를 '총명하고 지적이며 성격이 좋았고 당당한 풍채를 지녔으며 매너 좋고 명상을 즐기는 취미를 가진 사람이었다'고 묘사했다. 몰리는 바나카에 대한 사랑을 키워 나갔으며 그가 노예 신분에서 해방되었을 때 결혼했다.

연 대 기

1731	메릴랜드 볼티모어 가까이에서 10월 9일 태어남
1752	처음으로 주머니 시계를 본 후 수공 벽시계를 만들어 널리 이름을 알리게 됨
1772	벤저민 배네커가 사는 지역으로 엘리코트 가족이 이사를 옴
1788	조지 엘리코트에게서 천문학에 관한 책과 기구들을 받음
1790	천체력을 출간하려고 천문력을 구성함. 하지만 그 원고는 자유흑인협회가 결성될 때까지 출간을 거절당함
1791	1792년을 위한 새 천문력을 출간하기 위해 편집을 함. 콜롬비아의 지역 연구조사에서 보조자 직장을 제의받음. 토마스 제퍼슨에게 흑인에 관한 그의 편견에 대해 편지를 씀
1792~97	그의 첫 〈1792년 천체력〉이 볼티모어, 필라델피아와 알렉산드리아에서 출판됨. 이후 5년 동안 해마다 천체력을 만듦
1806	10월 9일 아침 산책 후 고단한 삶을 마침

"
윌리엄 허셜은 은하수의
개략적인 모양과
은하수의 별들이
움직이고 있다는 사실을
처음으로 밝혀냈다.
"

Chapter 6

인류의 우주관을 바꾼 행성 사냥꾼,

윌리엄 허셸

Sir William Herschel
(1738-1822)

항성천문학의 아버지

윌리엄 허셸은 독일 태생의 영국인 천문학자로 흔히 항성천문학의 아버지라 불린다. 이 말에는 별과 별의 속성에 대해 체계적으로 연구한 첫 번째 사람이라는 뜻이 담겨 있다. 허셸은 천체망원경을 제작하여 태양계의 일곱 번째 행성인 천왕성을 발견했을 뿐 아니라 당시로서는 가장 뛰어난 천체망원경과 천문관측 장비를 고안하여 수많은 천체를 관측하고 성도星圖를 작성했다. 또한 태양과 태양계의 고유운동을 밝혀내는 등 수많은 천문학적 사실들을 밝혀냈다. 뿐만 아니라 대부분의 이중성二重星들이 실제로는 서로 물리적으로 연결된 **연성**이라는 것을 밝혔으며 밤하늘을 가로지르는 은하수의 전체적인 형태를 처음으로 밝혀냈다. 허셸은 수천 개의 **성운**星雲 목록을 만들었고 성운들 중의 어떤 것들은 은하수 너머에 존재하며 그들 자신의 별들로 이루어진 소우주라는 개념을 제안하였다.

연성(쌍성) 아무런 물리적인 연관이 없이 육안으로 접근해 보이는 이중성 또는 쌍성에 반대되는 개념으로 공통 질량 중심 주위로 회전하는 두 개의 별

성운 우주 공간에 퍼져 있는 커다란 먼지와 가스 덩어리

저기
천왕성이
숨어 있다!

아버지와 함께 걸으며

프리드리히 빌헬름 허셸은 1738년 11월 15일 독일 하노버에서 아버지 이삭 허셸과 어머니 안나 일제 모르티젠 사이에서 6남매 중 아들로 태어났다. 허셸의 아버지 이삭은 열정적인 음악가로 하노버 경비대 밴드의 직업 악사였다. 그의 어머니 안나는 여섯 아이들을 책임져야 했는데 그녀는 고등교육에 전혀 관심이 없었다.

네 명의 사내아이들에게는 다행스럽게도 아버지가 교육비를 책임졌지만 두 명의 누이들은 그런 행운을 누리지 못했다. 두 자매는 어머니의 고집 때문에 어린 시절부터 집안 허드렛일을 돌보는 일 외에는 아무것도 교육받지 못하는 처지였다.

사내아이들은 공립학교에 들어갔고 집에서는 아버지로부터 개인적으로 음악을 배웠다. 음악 외에도 아버지는 천문학을 좋아해 어린 허셸이 일찍부터 천문학에 눈을 뜨는 계기가 되었다. 허셸은 집에서나 학교에서 특출한 학생이었다. 특히 수학이나 역학에 있어서 그랬다. 허셸은 또 아버지와 깊이 있고 관념적인 토론을 즐겼다. 그리고

14살이 된 허셸은 다양한 악기를 잘 다룰 수 있게 되어 형 야곱과 함께 하노버 경비대 밴드의 멤버가 되었다.

영국으로의 도피

1757년, 프랑스가 하노버를 침공하면서 하노버 경비대는 실전에 참여하게 되었다. 허셸의 건강은 좋지 않았고 전시체제는 그를 이러지도 저러지도 못하게 만들었다. 이에 허셸의 양친은 의논 끝에 그를 영국으로 도피시켰다.

영국에 도착한 허셸은 독일식 이름인 빌헬름에서 영국식 이름인 윌리엄으로 개명하고 요크셔 근방에서 음악으로 생계를 꾸려 갔다. 허셸은 시간이 나면 천문학에서 다루는 수학과 역학에 대한 흥미를 키워 나갔다.

1765년에 허셸은 할리팍스 파리쉬 교회의 오르간 연주자가 되었다. 그리고 일 년 후 영국 배스에서 옥타곤 교회의 오르간 연주자로서 일자리를 얻었다. 허셸은 자신의 여동생 캐롤라인을 매우 좋아했으며 또 재능이 있는 동생이 집안일에 매여 사는 것을 안타깝게 생각해 때마침 오케스트라의 소프라노가 그만두자 재빨리 그 자리에 추천했다. 이 결정은 훗날 캐롤라인이 영국왕립학회에서 첫 번째 여성 천문학자 자리를 얻는 결과를 가져오게 된다.

캐롤라인 허셀

윌리엄 허셀의 여동생 캐롤라인 류크레티아 허셀은 1750년 3월 16일 독일 하노버에서 태어났다. 캐롤라인은 못생겼다는 말을 자주 들으면서 자란 탓에 아무도 자신에게 청혼하는 사람이 없을 것이라고 생각하고 어머니를 도우면서 여러 해를 보냈다. 오빠 윌리엄처럼 공부에 재능을 보였던 캐롤라인이지만 어머니는 그녀와 언니 소피아에게 정규 교육을 허용하지 않았다. 캐롤라인의 아버지는 때때로 그녀의 지적인 호기심을 채워 주려고 했지만 그녀의 어머니는 캐롤라인의 삶을 통제하여 뜨개질이나 설거지, 집안 청소 등의 일을 시켰다.

1772년에 캐롤라인의 운명은 바뀌게 된다. 영국에서 직업적인 음악가로 활동하고 있었던 오빠 윌리엄의 소개로 직업을 갖게 된 것이다. 그녀는 집을 떠나는 문제로 어머니와 싸움을 벌여야 했다. 고집을 꺾지 않은 캐롤라인은 배스에 먼저 와 있던 오빠 윌리엄과 합류한 뒤 성악 연습에 참가했고 또 수학을 배우는 재미에 빠져 들게 되었다. 그녀는 대수, 기하, 삼각함수 등을 공부하면서 천문학에도 큰 관심을 갖게 되었다.

음악 일을 하는 틈틈이 그녀는 오빠의 천문학 연구를 거들기 시작했다. 1786년 8월 1일에 그녀는 첫 번째 혜성을 발견했다. 그 발견으로 그녀는 천문관측자로서 처음 공식적인 데뷔를 한 셈이었다. 이 일로 천문학자로서의 그녀의 평판은 높아졌고, 1787년에는 영국

왕 조지 3세가 연봉 50파운드를 받는 조건으로 왕궁 천문학자 윌리엄 허셀 경의 보조자로 임명했다.

1786년과 1797년 사이에 그녀는 여덟 개의 혜성을 더 발견했다. 이 혜성들은 영국의 천문학자 존 플램스티드가 만든 항성 목록에 첫 번째로 올라 있다. 그녀는 후에 윌리엄 허셀의 아들 존의 교육에도 기여하여 존이 유명한 천문학자가 되도록 만들기도 했다. 1828년에는 영국왕립천문학회에서 주는 메달을 수상했고 1835년에는 스코틀랜드의 수학자이며 자연학자이자 광물학자인 메리 좀머빌레와 함께 런던왕립학회의 첫 여성 회원으로 선출되었다.

광학 기술의 발전에 기여하다

1772년에는 허셀의 여동생 캐롤라인이 영국으로 와서 허셀과 합류했다. 그즈음 허셀은 성능이 떨어지는 망원경으로 별을 처음 보게 되었다. 이것이 허셀의 삶을 바꾸는 사건이 되었다. 허셀은 보다 뛰어난 장비로 별들을 보고 싶은 생각에 잠을 이루지 못했다. 그는 그가 선택할 수 있는 최선의 방법으로 반사망원경을 빌리려고 했지만 가난한 허셀에게는 어림없는 일이었다. 결국 허셀은 스스로 반사망원경을 만들기로 했다. 그래서 반사망원경을 만들기 위해 먼저 광학에 대해서 공부했다. 그러나 그것만으로는 충분하지 않았다.

허셀은 스스로 거울을 갈고 닦는 방법을 익히기 시작했다. 허셀이 망원경을 만들 당시의 반사망원경은 오늘날과 같은 유리로 거울을 만든 것이 아니라 금속을 고도로 광택 나게 하여 거울처럼 만들어 사용했다. 그즈음 허셸의 형제인 알렉산더도 배스로 왔다. 알렉산더 역시 음악가였다. 허셸은 캐롤라인과 알렉산더의 도움을 받아 수많은 금속 거울을 주조하고 연마하여 마침내 1773년 첫 번째 반사 망원경을 완성하게 된다. 그 망원경은 경통의 길이가 2.1m이고 반사경의 직경이 15cm인, 전 영국에서 그리고 아마도 당시로서는 전 세계에서 가장 크고 좋은 것이었다. 허셸의 반사경은 당시 현존하던 다른 어떤 망원경보다 우수한 성능을 가지고 있었고, 이 분야의 기술적인 발전에도 크게 기여하게 되었다.

몇 달을 두고 허셸은 반사경을 주조하고 연마하는 서로 다른 여러 가지 방법들을 실험하면서 수백 개의 거울을 만드는 작업을 했다. 그리고 마침내 허셸은 이전에 그 어느 누구도 시도하지 못했던 일을 시도했다. 금속 거울을 주조하는 데 사용되는 금속합금에 넣는 구리의 양을 늘렸던 것이다. 이렇게 하여 만들어진 금속 표면의 반사도는 이전의 것보다 훨씬 좋았다. 덕분에 전에는 접안경으로 볼 때 흐릿한 작은 점으로 보이던 천체들을 보다 더 뚜렷한 모습으로 잡아낼 수 있게 되었다. 1774년, 허셸은 자신이 만든 망원경으로 오리온성운을 분명하게 볼 수 있었다.

기념비적인 발견

그 후 몇 년 동안 허셸은 망원경 만드는 연습을 계속했다. 또한 체

윌리엄 허셀은 뛰어난 거울을 주조하고 연마하기 위한 최상의 방법을 찾기 위한 목적으로 몇 달 동안 200개 이상의 렌즈를 갈았다. 사진은 그가 만든 원래의 거울 쌍이다. 이것들은 금속 거울로부터 만들어졌는데 1800년대 초기에는 모든 종류의 거울을 만드는 데 잘 변색되는 재질이 널리 사용되고 있었다. 오늘날 현대 거울은 특별히 열팽창률이 낮은 유리 위에 알루미늄을 코팅하여 만들어진다.

계적으로 밤하늘의 지도를 만들고 발견한 것들을 기록하기 시작했다. 태양흑점, 변광성, 달의 지형, 화성의 극들에 대한 허셀의 논문 수집은 모두 중요한 작업이었다. 그리고 1781년에 허셀은 그의 일생에 있어서 기념비적인 발견을 하게 된다.

1781년 3월 13일 밤, 허셀은 자신이 아끼는 2.1m짜리 망원경으로 하늘을 관측하고 있었다. 그때 쌍둥이자리에서 이상한 천체를 발견하게 되었다. 이 천체는 별과 달리 또렷한 원판 모양을 하고 있었으며(행성들은 별들에 비해 매우 가까이 있기 때문에 배율이 높은 망원경으로 보면 원판 모양으로 보인다), 또 그 천체가 내는 희미한 빛은 가물거리지도 않을 뿐 아니라 여느 별들처럼 깜빡이지도 않았다. 그것이 무엇인지 확신할 수가 없었음에도 불구하고 허셀은 그 천체의 정체에 대해서, 그리고 자신이 발견한 것에 대해서 세상에 알려야 한다는 사실을 직감했다.

허셀은 자신이 발견한 것을 새로운 행성이라고 발표하기로 정했다. 이 소식을 들은 다른 천문학자들도 새로운 천체가 나타났음을 확인하기 위하여 앞 다투어 장비를 들고 그 천체를 관측하기 위해 뛰어들었다. 허셀은 그 천체에 대한 관측을 계속했다. 허셀과 다른 모든 천문학자들은 그 천체의 움직임이 행성의 움직임과 일치한다는 사실을 확인했다. 그 천체는 행성과 같이 또렷한 윤곽을 가지고 있었고 또 거의 원에 가까운 궤도 운동을 하고 있어서 기존의 다른 행성들의 궤도 운동과 조화를 잘 이루고 있었던 것이다. 행성은 원 궤도가 아니라 길쭉한 타원 궤도를 따라 움직인다. 허셀은 자신이 발견한 천체에 대한 시차 측정을 한 후에 그 천체가 태양 주위를 도는 7번째(지구를 포함하여) 행성이며 가장 멀리 떨어져 있어서 태양계의 끝이라고 알려진 토성 궤도 바깥에 위치해 있다는 것을 알았다. 결국 허셀이 발견한 것은 태양과 토성 거리의 2배 거리에 있는 새로운 행성이라는 것이 공식적으로 인정되는 대사건이 일어났다! 그것은 6개 행성의 위치에 기초하여 태양계 크기를 정한 고대로부터 전해 오는 상식을 깨뜨리는 것이기 때문이다. 7번째 행성의 발견으로 갑자기 태양계의 크기는 두 배로 커지게 되었다. 이것은 아주 놀라운 소식이었으며 갈릴레오가 1610년에 목성의 위성들을 발견한 이래 망원경은 갑자기 전에 없던 호황을 누리게 되었다.

왕의 천문학자

새로운 행성을 발견함으로써 허셸은 곧 유명인사가 되었다. 허셸은 새로 발견한 행성의 이름을 영국 왕 조지 3세의 이름을 따서 '조지의 별'이라고 명명했고 허셸의 모든 기록에는 그렇게 남아 있다. 1850년에 이 행성의 이름은 공식적으로 토성Saturn의 아버지의 이름을 따서 천왕성Uranus로 개명된다. 토성은 그 안쪽에 있는 행성인 목성Jupiter의 아버지이고, 목성은 다시 그 안쪽에 있는 행성인 화성Mars의 아버지였기 때문에 천왕성은 이에 적합한 새 이름이었다. 따라서 천왕성으로 이름을 붙이면 순서가 맞는 셈이 된다. 천왕성의 발견으로 허셸은 1781년에 런던의 왕립학회 회원이 된다.

영국 왕 조지 3세는 허셸이 이룩한 업적을 듣고 그를 궁정으로 불러들였다. 허셸의 발견에 크게 고무된 왕은 허셸에게 연봉 200파운드의 왕실 천문학자의 지위를 주었다 이로 인해 허셸은 음악가로서의 직업을 그만두고 전적으로 천문학에 헌신할 수 있게 되었다. 때맞추어 캐롤라인도 연봉 50파운드를 받는 조건으로 왕실 천문학자로 임명된 허셸의 조수로 채용된다. 1782년에 허셸과 캐롤라인은 왕실 천문학자로서의 임무를 시작하기 위해 버크셔에 있는 대처로 이사했다.

1784년에 허셸은 800개의 이중성 목록을 수집했다. 이 중 많은 것들이 단순한 이중성이 아니라 두 개의 별들이 공통질량 중심 주위를 도는 연성이었다. 이중성은 하늘에서 전혀 물리적인 연결이 없이

가까이 보이는 두 개의 별을 일컫는 것이다. 연성의 운동에 대한 허셀의 결론은 뉴턴의 중력 보편의 법칙(만유인력의 법칙, 1687년 아이작 뉴턴이 처음으로 발견한 법칙)을 증명하는 첫 번째 강력한 증거였다.

궁정 천문학자로 일하며 허셀은 지금까지 만든 것보다 더 큰, 경통의 길이가 9m나 되는 천체망원경을 만들 계획을 세웠다. 그러나 그의 계획은 얼마 후 취소되었는데 거울 제작을 위한 금속 주형이 227kg을 넘어 쉽게 다룰 수 있는 것이 아니었기 때문이다.

1786년 그와 캐롤라인이 슬로프로 이사한 후에는 사정이 좋아졌다. 그리고 허셸이 122cm 반사경을 갖는 거대한 12.2m 대망원경 건설계획을 발표하자 조지 왕은 이에 필요한 경비와 인력을 지원해 주었다. 하지만 이렇게 거대한 망원경을 갈기 위해서는 특별한 장치가 필요해 허셸은 설계에 착수했다.

1787년, 허셸은 아직 122cm 대망원경이 만들어지고 있는 동안에 또 다른 자신의 발명품인 61cm 반사망원경으로 천왕성 주위를 도는 2개의 위성을 발견했다.

1788년 매리 볼드윈 핏이라는 부유한 상인의 미망인과 결혼하고 몇 년 후 허셸은 아들 존을 얻는데, 존도 나중에 뛰어난 천문학자가 된다. 천왕성의 위성들은 후에 그의 아들 존이 타이타니아와 오베론이라고 명명했다.

대망원경은 1789년에 완성되어 나무로 제작된 거대한 프레임 속에 세워졌다. 허셸의 망원경들은 뉴턴식 반사망원경(1668년에 아이작 뉴턴이 개발한)의 기본 틀에서 벗어난 것이다. 왜냐하면 주경을 기울여서 입구 쪽으로 상을 형성하게 하여 열린 입구 근처에서 망원경을 볼 수 있도록 했기 때문이다. 이와 같은 방식으로 설계된 반사망원경을 허셸식 망원경이라고 부른다.

허셸식 망원경은 2차 거울을 필요로 하지 않는다. 따라서 그만큼 거울을 가는 작업이 줄어드는 이점이 있다. 하지만 불행하게도 허셸식 대망원경으로 관측을 하기 위해서는 장비의 꼭대기까지 올라가야만 했다. 허셸의 거울 설계는 특이했고 또 큰 망원경들이 많았으므로 밤하늘을 관측하다가 관측 틀에서 아래로 떨어진 사람들이 여럿 있었다고 전해진다.

새로운 대망원경을 이용하여 허셀은 곧 토성의 달을 두 개 더 발견한다. 그리하여 토성의 위성 수는 모두 7개로 늘어나게 되었다. 그러나 얼마 후 실망스럽게도 허셀은 자신이 만든 망원경들 중에서 가장 효율적인 장비가 자신의 작은 망원경인 61cm 망원경임을 깨닫게 된다. 주체하기 힘든 122cm 망원경은 드물게 사용될 뿐이었다. 모든 허셀 망원경(이것은 허셀식 망원경뿐만 아니라 당시의 다른 모든 망원경도 마찬가지였다)의 단점은 자주 금속 거울을 벗겨내어 녹을 닦아내야 한다는 것이었다. 큰 망원경일수록 시간이 많이 걸리는 번거로운 작업인 만큼 오히려 작은 망원경일수록 빠르고 손쉽게 작업할 수 있었다.

은하수의 모양

이중성에 대한 연구를 통해 허셀은 별들이 행성과는 다르게 운동하고 있다는 사실을 증명했다. 이것은 매우 중요한 사실이었다. 왜냐하면 그 당시까지도 별들은 천구에 고정된 채 움직이지 않는 천체로 간주되었기 때문이다. 사실 별들은 제각기 다른 방향으로 움직이고 있다. 다만 너무 멀리 있기 때문에 그 움직임이 짧은 기간에 드러나지 않을 뿐이다. 이 때문에 별들은 수백에서 수천 년이 지나도 그 위치가 거의 바뀌지 않는다. 허셀은 스스로에게 질문을 던지기 시작했다. '만일 별들이 움직이고 있다면 우리 태양계의 태양도 그들과

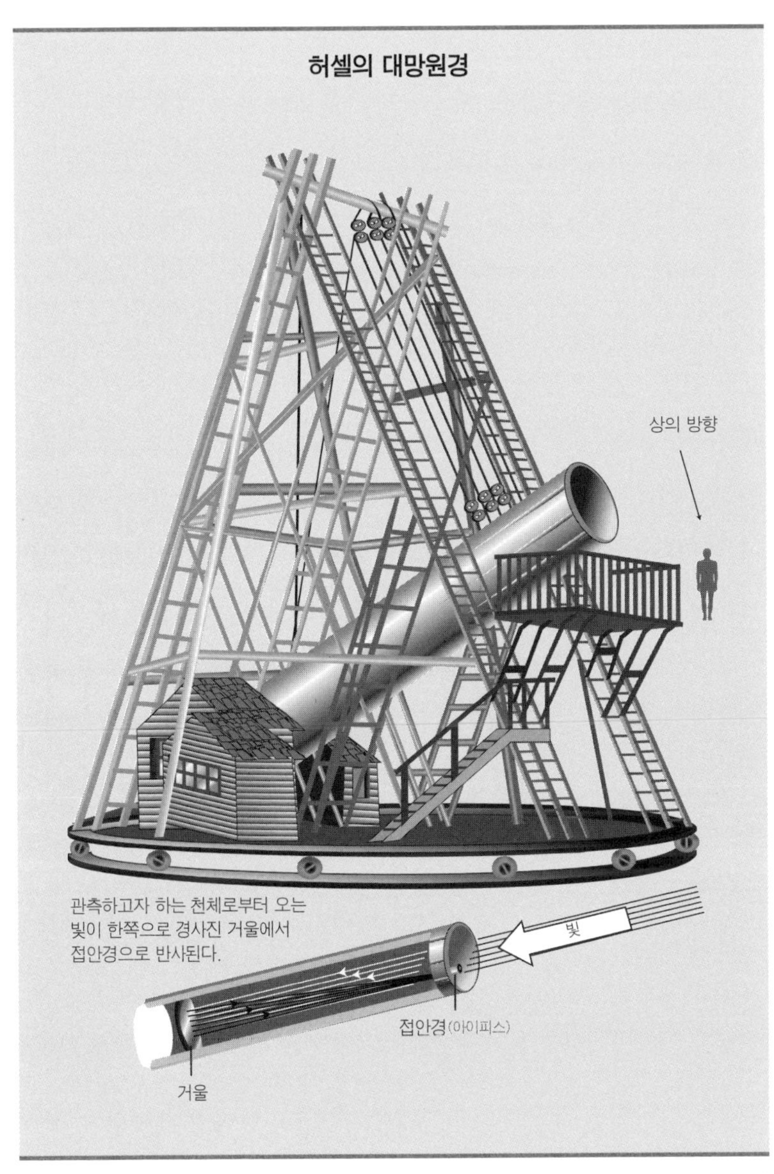

허셀은 당시 세계에서 가장 큰 망원경을 건설했다. 그가 건설한 망원경은 경통의 길이가 12.2m, 반사경의 지름은 122cm에 달했다. 그는 접안경을 들여다보기 위해서는 망원경 입구 근처에 무대를 세우고 그 위에서 관측하도록 했다.

함께 움직이고 있는 것이 아닐까?'

허셸은 자신이 고안한 뛰어난 장비를 사용하여 별들의 고유운동을 관측할 수 있었다. 하늘의 한쪽 부분에 있는 별들은 서로 멀어져 가고 있는 것처럼 보였고, 반대쪽에 있는 별들은 함께 움직이고 있는 것처럼 보였다. 허셸은 태양 역시 멀어져 가는 것처럼 보이는 별들과 함께 운동을 하고 있는 중이라는 학설을 내놓았다. 그리고 허셸은 전 은하가 움직이고 있는 방향을 가리켰다.

허셸의 주장은 태양계, 다시 말해 인류가 우주의 절대 중심이라는 고대로부터 내려온 믿음의 핵심을 뒤흔드는 또 다른 과학적 발견이었다. 만일 태양이 움직이고 있다면 무엇을 중심으로 회전하고 있는가? 우주의 중심은 어디에 있는가? 우주의 중심이 정말로 존재하기는 하는 것인가? 마침내 허셸은 태양과 우리 태양계는 우주의 중심 근처에서 움직이는 것이라고 결론을 내렸다. 이러한 결론은 혁명적이면서도 대부분의 사람들이 받아들이고 있는 신성한 설계(인류가 우주의 중심에 있다는 생각)에서 크게 벗어나지 않는 것이었다. 사실 태양계는 은하수의 중심 근처에 있지 않다. 태양계는 은하수의 중심에서 벗어난 은하수의 외곽지역에 있다. 이것을 밝힌 사람은 미국의 천문학자인 할로우 섀플리다.

허셸은 나아가 하늘의 선택된 영역의 별들의 수를 세는 체계적인 방법을 창안하여 은하수의 모양을 판정했다. 방대한 데이터를 정리한 후에 그는 은하수에 있는 별들의 수가 약 3억 개라고 제시했다. 허셸이 밝힌 은하수의 모양은 마치 덩굴손을 가진 넓적한 팬케이크 모양이었다. 허셸은 긴 지름이 짧은 지름의 4배라고 발표했다. 그리고 이와 같은 은하수의 모양을 멀리 있는 유사한 천체들에도 적용했다. 이들은 그리스어로 은하수라는 뜻의 '은하'로 알려진다. 이와 같은 과정을 통해서 허셸은 은하수의 존재와 그 전체적인 모양을 처음으로 과학적으로 증명했다.

또한 허셸은 자신이 붙인 용어를 사용해 1779년과 1806년 사이의 태양 관측 기록을 남겼는데 예를 들어 흑점에 대한 'opening'이란 용어를 들 수 있다. 뿐만 아니라 허셸은 태양이 본질적으로 가스 덩어리라고 확신했다.

1800년에 허셸은 태양에서 적외선이 나오고 있다는 사실을 처음으로 알아낸다. 허셸이 적외선을 발견한 동기는 단순한 호기심에서였다. 그는 태양을 관측하기 위해 태양빛을 다양한 색깔의 필터에 통과시켰는데 이때 생성되는 온도가 다르다는 사실에 주목했다. 그는 프리즘을 이용하여 빛을 모든 알려진 스펙트럼으로 나눈 뒤 가시광선 스펙트럼의 가장 높은 온도는 적색 스펙트럼에서 나온다는 것을 발견한다.

끝을 까맣게 칠한 온도계를 이용하여 이 스펙트럼 바깥을 조사한 허셸은 눈으로 보이는 적색 스펙트럼 바깥에 눈에 보이지 않는 형태의 빛이 존재한다는 사실을 발견했다. 겉으로 보면(스펙트럼의 색으로 보면) 붉은색 위에 아무런 빛도 존재하지 않는 것 같지만 온도계를 갖다놓으면 온도가 계속 올라가는 것으로 미루어 눈에 보이지 않는 빛이 존재하는 것이 분명했다. 이와 같은 빛의 스펙트럼과 보이지

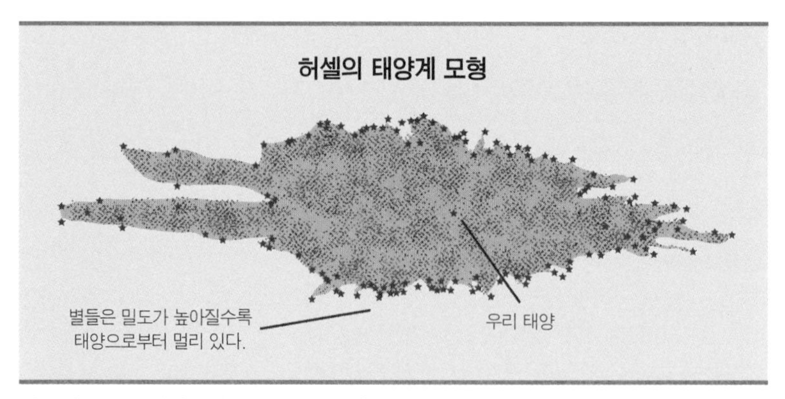

이 그림은 1785년에 출간된 허셀의 논문 〈하늘의 구조에 관하여〉에 등장하는 원판이론에 따라 은하수의 구조를 스케치한 것을 옮긴 것이다.

않는 열작용 실험을 통하여 허셀은 가시광선 너머에 눈에 보이지 않는 '빛' 또는 전자기 복사의 존재를 처음으로 기록했다. 이 빛은 나중에 '적외선'으로 알려지게 된다.

1802년에 허셀은 16년간에 걸친 성운에 대한 자신의 연구를 끝마쳤다. 그동안 모두 2,514개의 성운을 기록했으며 처음으로 그들 중 많은 것들이 단지 먼지 구름이 아니라 무거운 성단(별들의 집단)이며, 또 어떤 것들은 아마도 멀리 있는 은하라는 것을 구별해냈다.

허셀은 자신의 논문에서 우주는 성운으로부터 시작되었다고 제안하는 '항성진화론'을 언급했다. 이들 성운들은 점차적으로 모여들어 질량이 증가하고 또 시간이 지남에 따라 별개의 성단으로 분리되었다고 가정하고 있다. 또 이러한 성단들의 붕괴로 새로운 성운이 형성되고 새로 태어나는 산개 성운이 떨어져 나가서 다시 새로운 과정이 시작된다는 이론을 내놓았다.

작위를 받다

허셀은 일생 동안 많은 업적을 이루었다. 1781년에 7번째 행성인 천왕성을 발견한 것부터 시작하여 1821년에 145개 이중성에 대한 목록을 작성하기까지 수많은 천체를 발견하고 논문을 분류하고 또 출판하였다. 허셀은 1816년에는 웨일즈의 왕자 조지 4세로부터 작위를 수여받았다. 그리고 1820년에 설립된 왕립천문학회 회장으로 이듬해에 선출되었다.

허셀은 자신의 연구 분야에서 가장 앞서가는 선도자였다. 다른 어떤 천문학자의 업적도 허셀과 비교하면 빛을 잃을 수밖에 없을 것이다. 그는 당시까지 인류 역사상 하늘의 가장 먼 곳까지 파헤쳐서 그 비밀을 밝히려 한 사람이었기 때문이다. 허셀은 고대로부터 알려져 온 지구를 제외한 5개 행성 외에 처음으로 새로운 행성을 발견했을 뿐 아니라 이전의 그 어느 누구보다도 더 먼 우주를 볼 수 있었다고 자랑스럽게 외칠 수 있었다. 허셀은 직접 개량한 망원경으로 천체 관측을 선도하였고 우주에 대한 인간의 이해를 끌어올리는 새로운 사실들을 발견했다.

허셀은 1822년 8월 25일, 영국 슬라우에 있는 관측소라고 알려진 윈저 로드 자택에서 눈을 감았다.

사망 전까지 천문관측과 측정에 있어서 선구적인 업적을 이룩한 허셀의 노력은 천문과학을 괄목할 정도로 발전시켰고, 또 허셀 자신을 18세기 유럽의 가장 재능 있는 천문학자의 반열에 올려놓았다.

집에서 망원경 만들기

오늘날 망원경을 만드는 일은 집에서도 손쉽게 할 수 있다. 망원경을 만드는 일은 어렵지 않다. 그러나 인내를 필요로 한다. 망원경을 손수 제작하는 일은 시간과 약간의 돈을 들일 마음이 있다면 가능하다. 자신이 만든 망원경을 통하여 별과 행성을 들여다보는 기쁨이야말로 형언할 수 없는 것이다.

매장에서 키트(모형을 조립하는 재료가 들어 있는 상자를 일반적으로 이르는 말)를 구입하면 망원경을 만드는 데 필요한 대부분의 재료가 들어 있다. 키트 구입 비용은 자신이 원하는 망원경의 크기에 따라 달라질 것이다. 초보자가 시작하기에 가장 좋은 크기는 15cm 반사망원경이다. '15cm'는 경통의 길이를 말하는 것이 아니라 반사경의 직경을 말하는 것이다.

망원경을 만드는 데 있어서 가장 중요한 작업은 거울을 연마하는 일이다. 가치 있는 것들이 다 그렇듯 정밀한 작업은 간단한 장비와 두 손을 이용하는 것이며 꾸준한 훈련을 통해서 이를 성취할 수 있다. 연마 작업을 하는 데 필요한 것들은 허리 높이의 튼튼한 스탠드, 물, 연마제, 그리고 두 개의 유리판이다. 두 개의 유리판 중 하나는 블랭크 거울이라 불리는 것이고 다른 하나는 연장에 해당하는 것이다.

블랭크를 도구 위에 올려놓는다. 블랭크의 중심을 연장의 모서리에 올려놓은 다음 젖은 연마제를 그 사이에 넣는다. 그리고 원 운동을 시키면서 마찰하여 갈기 시작한다. 이따금씩 스탠드가 균형을 잡고 있는지 계속 확인한다. 이 일을 계속하면 위쪽에 있는 블랭크는 점점 오목해지고 아래쪽에 있는 도구는 볼록해지게 된다. 작업이 진행되면 연마제를 바꿔 주어야 한다. 작업이 진행될 수록 점점 더 고운 연마제가 필요하게 된다. 고운 연마제는 표면을 점점 더 부드럽게 만들어 줄 것이다. 흔히 사용되는 연마제는 탄화규소, 금강사[金剛砂] 그리고 산화알루미늄 등이 있다.

작업이 끝날 때쯤이면 표면은 매우 반사가 잘될 것이다. 표면을 거울과 같은 면으로 만들려면 많은 시간을 들여서 연마하면서 연마제를 굵은 것에서 고운 것으로 적절히 바꿔 주어야 한다. 작업이 끝난 반사경의 반사도와 초점 거리에 대한 테스트는 간단하게 전구나 태양빛 그리고 글리세린을 이용하여 해 볼 수 있다.

연 대 기

1738	독일 하노버에서 11월 15일 출생
1752	하노버 수비대 밴드의 멤버가 됨
1757	전쟁을 피해 영국으로 이주
1766	영국 배스에서 옥타곤 성가대의 오르간 연주자가 됨
1772	저해상도 망원경으로 처음 별들을 관측하다가 더 나은 관측 장비 개발에 대한 의욕을 갖게 됨
1773	그 자신의 손으로 만든 거울로 처음으로 광학망원경을 제작
1774	개량된 망원경으로 오리온성운 발견 하늘의 지도를 만들기 시작
1781	새로운 행성, 후에 천왕성으로 명명된 행성을 발견하여 태양계 개념에 대한 혁명을 불러일으킴. 왕립학회 회원이 됨
1782	왕립 천문학자로 지명됨 여동생 캐롤라인은 보조 천문학자로 이름을 얻음

1784	많은 이중성들이 실제로는 연성임을 밝힘 이것은 뉴턴의 중력 보편의 법칙에 대한 직접적인 증거가 됨
1786	캐롤라인이 새로운 혜성을 발견함
1789	그의 유명한 12.2m 망원경 건설을 마침
1792	존 프레드릭 윌리엄 허셀, 허셀의 아들이자 미래 천문학자 출생
1800	적외선을 발견함
1802	2,514개의 성운에 대한 항성목록을 완성함
1816	웨일즈의 왕자인 조지 4세로부터 기사 작위를 받음
1822	8월 25일 영국 슬라우에서 사망

로버트 고다드는 로켓을
개발하려는 시도를 통해
우주여행의 첫걸음을
내디뎠다.

Chapter 7

우주여행의 첫발을 내딛은 과학자,

로버트 고다드

현대 로켓공학과 우주비행의 아버지

로버트 고다드는 미국의 물리학자로, 현대 로켓공학과 우주비행의 아버지로 알려져 있다. 그는 행성 여행을 하는 아이디어를 세웠으며 액체연료를 사용한 로켓을 처음으로 제작하고 발사하는 데 성공했다. 고다드는 액체연료와 고체연료를 사용하는 로켓 발사 실험을 수행하여 궤도위성과 탄도미사일, 나아가 달을 향한 로켓 개발의 초석을 닦았다. 오늘날 과학자들은 고다드의 일생의 꿈이었던 화성으로 유인우주선을 보내기를 희망하고 있다. 고다드는 수많은 로켓과 추진 설계에 대한 특허를 출원했는데 오늘날까지도 사용되고 있다. 그의 특허는 여전히 유효하다.

탄도 물체가 그것이 통과하는 매질의 저항과 중력의 작용 아래서 따라가는 궤적

불장난
하지 마~!
성냥

창의성에 휩싸인 소년

로버트 허칭스 고다드는 1882년 10월 5일에 매사추세츠 주 워세스터에서 태어났다. 고다드가 태어난 이듬해에 고다드의 부모는 보스턴으로 이사했다. 로버트 고다드의 아버지는 사업가이자 성공한 발명가였다.

고다드는 아주 어렸을 때부터 아버지의 발명과 과학을 향한 정열, 열정적인 실험 정신에 많은 자극을 받았다. 그리고 어린 고다드에게 우주여행에 대한 꿈을 심어 준 것은 조지 웰스의《우주 전쟁》과 같은 공상과학소설이었다.

고다드는 유년기 내내 과학실험에 몰두하면서 지냈다. 배터리에서 떼어낸 아연판을 신발 바닥에 붙인 뒤 자갈과 마찰을 시켜 정전기를 발생시킴으로써 더 높이 뛰어오르려는 시도나, 영구 운동에 대한 실험을 하기도 했다. 또 어떻게 해서 연이 하늘을 나는지 탐구하기도 하고, 확대경을 가지고 놀면서 여러 가지를 관찰했다.

하지만 여느 아이들처럼 건강하지 못했던 고다드는 자주 병치레를 하느라 학교를 쉬어야 했다. 학교를 쉬는 날이 많다 보니 고다드는 자기 또래 학생들에 비해서 학교 교육에서 2년이나 뒤처지게 되었다. 이 때문에 혼자서 공부하는 법을 익혀야 했다.

그는 집이나 공공 도서관에서 화학이나 전기, 대기 그리고 지구의 구성요소에 관한 책들을 읽으면서 많은 시간을 보냈다. 또 물리학과 화학에 흥미를 느끼면서 혼자 집에서 흑연, 물, 산소와 수소를 혼합한 불꽃으로부터 다이아몬드를 만드는 등의 실험을 시도했다가 폭발 사고를 내기도 했다. 나중의 일이지만 고다드가 16살이 되었을 때는 과열시킨 알루미늄으로 풍선을 만들어 수소를 채운 뒤 공기 중으로 날려 보내기도 했다.

고다드가 아직 십대 소년이었을 때 어머니가 결핵에 걸리면서 의사의 권유로 1898년 다시 워세스터 근방의 탁 트인 시골로 이사하게 되었다. 그런데 시골로의 이사가 훗날 로켓공학의 선구자가 되는 고다드에게는 뜻밖의 행운으로 작용한다. 폭발력이 있는 연료를 사용하는 위험한 로켓 발사 실험에는 아무래도 넓고 탁 트인 장소가 안성맞춤이었기 때문이다.

로버트 고다드가 조지 웰스의《우주 전쟁》을 읽은 것도 어머니의 요양을 위해 워세스터에 다시 돌아온 후였다. 화성에서 온 외계인 침략자들에 관한 이야기를 읽어 내려가는 고다드의 마음속에는 우주여행에 대한 꿈이 차츰 부풀었다. 그날은 고다드의 일생을 두고 잊을 수 없는 날로 기억되었다.

벚나무 위에서 겪은 일

고다드의 열일곱 번째 생일이 지난 10월 어느 날, 그는 가지치기를 하기 위해 과수원으로 향했다. 고다드가 연장을 들고 벚나무 위로 올라가서 막 가지치기를 시작했을 때 갑자기 눈앞에서 이상한 일이 일어났다. 그것은 양손을 늘어뜨린 채 조지 웰스가 만들어 놓은 환상의 세계 속으로 들어가는 체험이었다. 고다드는 한 순간 땅에서 빙글빙글 돌고 있는 어떤 기계장치의 환영을 보았는데 그것은 한 번도 상상하지 못했던 것이었다. 여전히 빙빙 돌고 있던 그것은 점점 더 회전 속도가 빨라지더니 이윽고 땅을 박차고 하늘 높이 올라갔다. 고다드는 그 장치의 어렴풋한 형상, 즉 그것이 어떻게 작동하는지 또 크기가 얼마나 되는지 등을 마음에 새겼다. 그리고 마음속으로 그것은 아마도 화성까지 족히 날아갈 수 있을 것이라고 믿었다!

인간의 지성 안에서 갑자기 어떤 창조적인 영감이 떠오르듯이, 고다드의 마음속에도 어떤 생각이 스쳐 지나갔다. 다시 제정신으로 돌아온 고다드는 다짐했다.

'그래 이것이 내가 할 일이야. 내가 꼭 만들고 말 거야!'

밀턴 레만이 쓴 《로버트 고다드: 우주 탐구의 선구자》에 따르면 로버트 고다드는 1889년 10월 19일 일기에 벚나무를 내려올 때는 올라가기 전과는 완전히 다른 사람이 되어 있었다고 한다. 그는 다음과 같이 기록했다.

존재란 결국 분명한 목적이 있는 것이다.

그날은 그에게는 하나의 '기념일'과 같은 날로, 자신의 인생을 오직 우주비행에 바치기로 결심한 날이었다.

1899년 어느 날, 고다드는 자신의 절친한 친구에게 대기를 벗어나 화성까지 여행하는 꿈에 대해서 털어놓았다. 이때는 아직 라이트 형제가 동력 비행에 성공하기 4년 전이었다. 친구는 그와 같은 일은 물리학 법칙에 어긋나는 것으로 도리에 맞지 않는다고 설명했지만, 로버트 고다드는 자신의 생각과 어긋나는 물리학 법칙은 존재하지 않는다고 주장했다. 하지만 고다드는 이때까지도 아직 자신이 품고 있는 웅장한 포부를 실천에 옮기기 위해서는 어디서부터 어떻게 시작해야 할지를 모르고 있었다. 그러는 동안에도 시간은 흘렀다. 하지만 꿈을 잃지 않은 로버트 고다드는 패기를 가지고 우주비행 실현을 위해 앞으로 나아가기 위해 준비하고 있었다.

잘못된 입학

1900년 가을, 고다드는 워세스터에 있는 베커 상업학교에 입학했다. 그것은 한때 자기 아버지의 직업이었던 상업부기를 배우기 위해서였다. 하지만 고다드의 마음은 온통 우주비행에 필요한 새로운 아이디어를 추구하는 데 있었다.

시간이 흐를수록 고다드는 우주비행을 꿈꾸며 벚나무 가지 위에서의 경험을 선명하게 떠올렸다. 그것이 사무직 노동자로서 무디고 조직화된 삶을 사는 것보다 그가 추구해야 할 일이었다. 고다드는 학교에서의 수업보다 물리학적 실험에 더 마음을 쏟았다. 그가 한 실험 중에는 뉴턴의 운동 제3법칙에 관한 것들도 있었다.

새로운 길

이듬해인 1901년에 고다드는 상업학교를 그만두고 워세스터 사우스 고등학교에 들어갔다. 고다드보다 나이가 어렸던 학우들은 고다드가 어려운 과학책들을 가리지 않고 닥치는 대로 읽어대는 것을 신기하게 여겼다. 그렇게 다시 몇 년이 지났지만 로켓을 만들겠다는 고다드의 열정은 조금도 꺾이지 않았다.

고다드는 1903년에 작은 로켓 발사대를 만들어 자신의 집 뜰에서 수많은 작은 폭약으로 추진되는 로켓을 발사했다. 그리고 그는 전자식 점화기를 실험하기도 했다. 고다드는 1904년에 사우스 고등학교를 수석으로 졸업하고 워세스터 공대에 진학했다. 이제 고다드는 틀에 박힌 사무원의 길과는 전혀 다른 길을 걷게 된 것이다.

고다드는 워세스터 공대에서 물리학 교수인 윌머 더프의 특별한 지도와 영향을 받으며 4년을 보내게 된다. 그동안 고다드는 작은 고체 추진 로켓 실험을 계속했다.

1907년에 고다드는 학교 지하실에서 화약 로켓을 발사하다가 폭발 사고를 내고 말았다. 이 사건에 대한 기사가 지역 신문의 한 페이지를 장식했지만 대학에서는 그를 쫓아내기는커녕 오히려 그의 연구에 관심을 갖고 용기를 북돋워 주었다.

고다드의 로켓 설계에서 주된 문제는 로켓 개념 자체에 있는 것이 아니었다. 중국인들이 약 1000년경에 화약을 발명한 이래 로켓은 역사적 순간 곳곳에 존재해왔다고 볼 수 있다. 다만 문제는 어떻게 지구 중력을 이기고 지구 바깥의 외계에 도달할 수 있는 충분한 힘을 내는 실용적인 로켓 추진체를 고안하느냐 하는 것이었다. 이 문제는 고다드가 대학에서 학위를 따기 위하여 공부하는 동안에도 계속 싸워 온 주제였다.

1908년, 고다드는 물리학 학사 학위를 받고 워세스터 공대를 졸업했다. 고다드의 목표는 오직 하나, 지구의 영향을 벗어나 외계로 여행하는 운반체를 만드는 것이었다. 고다드는 대학을 졸업하자 바로 워세스터에 있는 클라크 대학원에 들어갔다. 그 대학원은 과학 분야에서 일류 대학원으로 손꼽히는 곳 중 하나였다.

이미 1903년에 러시아인 콘스탄틴 치코프스키는 우주를 향해하는 로켓은 고체 화약으로 추진되기보다는 액체연료로 추진되는 방식의 로켓이어야 한다는 논문을 러시아 학회지에 발표한 바 있었다. 1909년에 고다드는 액체산소와 액체질소를 사용하는 액체 추진 로켓에 대한 이론적인 설계를 공식화했다. 그렇지만 고다드가 집에서 제작하여 발사하는 모든 실제적인 실험에서는 쉽게 구할 수 있는 고체 화약을 사용하고 있었다. 고다드는 자체적으로 추진되는 로켓에 대한 한 가지 이상의 설계 아이디어를 가지고 있었다. 고다드의 로켓 목록에는 카트리지를 싣는 로켓, 태양 로켓, 이온 로켓, 액체수소-산소 로켓, 심지어 원자 로켓에 대한 아이디어도 있었다. 이처럼 그의 연구는 웅대했으며 구상 가능성의 여부를 놓고 설계도가 갖는 결점들을 찾아 보완해 나갔다. 감당하기 힘든 비용이나 현실적 구현이 어려운 것들도 이 결점들에 속한다.

1911년, 고다드는 클라크 대학원에서 물리학 박사 학위를 받았다.

아이작 뉴턴의 운동 3법칙

영국의 과학자이며 수학자인 아이작 뉴턴은 역사상 매우 위대한 과학자 중 한 사람이다. 그의 수많은 업적 중 보편 중력의 법칙과 운동에 관한 3가지 법칙을 정식화한 것은 특히 유명하다. 1669~1687년 사이에 케임브리지 대학의 교수로 지내며 같은 대학에서 아리스토텔레스, 프랑스 철학자인 르네 데카르트와 피에르 가생디, 영국의 철학자이자 정치학자인 토마스 홉스, 영국의 자연철학자이자 화학자인 로버트 보일, 이탈리아의 천문학자이자 수학자인 갈릴레오 갈릴레이, 독일의 천문학자이며 수학자인 요하네스 케플러와 같은 과학적 대가들의 철학을 공부하면서 보냈다. 다양한 관점을 가진 과학자들로부터 영향을 받은 뉴턴은 자유로운 사고가 가능한 과학자가 되었으며, 이는 그가 과학의 다양한 분야에서 초석을 다지는 선구적인 업적을 남길 수 있는 토대가 되었다. 다음은 그의 업적 중 하나인 운동에 관한 유명한 3가지 법칙이다.

- 모든 물체는 그것에 작용되는 힘에 의해 그 상태를 바꾸도록 강요되지 않는 한 정지 상태를 계속하거나 균일한 직선을 따라 일정하게 운동하는 상태를 유지한다.
- 운동의 변화 또는 운동량의 변화율은 그 원인이 되는 가해진 힘에 비례하며 힘이 가해진 방향을 따라 똑바로 운동한다.
- 모든 작용에는 동일하고 반대인 반작용이 있다.

뉴턴은 광학과 빛에 관한 비밀을 푼 것으로도 잘 알려져 있다. 또 독일의 수학자 고프리드 빌헬름 라이프니츠와는 독립적으로 오늘날 해석학이라 불리는 새로운 수학방법을 발견하는 데에도 기여했다.

은밀한 임무를 가진 사람

1912년 고다드는 프린스턴 대학의 팔머 물리학 연구실의 연구장학금을 받았다. 대학에서는 고다드가 추구하고자 하는 참신한 연구를 지원하고 싶어 했지만 고다드는 자신의 로켓 계획이 공개적으로 밝혀지는 것을 내켜하지 않았다. 그래서 대학의 실험실에 있을 때면 변위 전류에 대한 실험을 수행했고 개인 시간을 이용하여 추진질량 물리학에 대한 연구를 수행했다.

1912년 8월, 고다드는 하전 입자 발생기 또는 라디오관의 초기 형태인 발진자에 대한 특허를 신청하여 이듬해 3월에 첫 번째 특허를 얻게 된다. 그동안 그는 심한 폐결핵에 걸려 오랜 치료 기간을 가져야 했다. 다행히 특허의 성공으로 힘을 얻은 고다드는 로켓 추진 설계에 대한 응용 특허 준비 작업을 시작할 수 있었다.

1914년 7월, 특허국은 고다드에게 두 개의 특허를 내준다. 첫 번째는 '로켓 장치'라 불리는 것으로 다단로켓에 관한 것이다. 두 번째 특허 역시 '로켓 장치'라 불리는 것으로 들어올릴 짐을 연속적으로 끼워 넣는 카트리지 교환 방식의 기계 장치로, 액체연료와 산화제를 연소실 속으로 펌프로 퍼 올리는 변형 장치가 포함되어 있었다. 고다드는 로켓과 관련된 특허를 214개나 받았다. 그들 중 131개는 그의 사후에 받은 것이었다. 이들은 대부분 액체로 추진되는 로켓 설계와 관련된 장치들, 이를테면 제어 컴포넌트, 연료 펌프, 모터, 유도 장치 등과 관련된 것들이다. 로켓에 대한 초기 설계는 주로 이론적인 것들이었지만 고다드는 곧 실제적인 실험에 돌입하게 된다.

1914년 가을, 병에서 회복된 고다드는 프린스턴을 떠나 클라크 대학에서 학부생을 가르치는 시간제 물리학 강사로 자리 잡았다. 후에 고다드는 이 대학의 물리학 과장이자 물리학 실험실의 관리자가 된다. 고다드는 클라크 대학의 물리학 숍에서 자유롭게 창안하고 오래된 로켓 설계에 보다 더 강력한 추진 방식을 도입하여 확장하는 등의 일을 했다. 고다드의 실험에서는 항상 효율성이 모든 것을 결정할 수밖에 없었다. 당연한 것이, 고다드의 모든 실험은 전적으로 자신의 주머니 사정에 따라 운영되었기 때문이었다.

드 라발 노즐

고다드는 듀폰사가 개발한 연기 없는 화약을 포함하여 최신의 혁신 기술을 도입했다. 그는 1915년 여름, 기존의 연료보다 더 효과적으로 추진력을 응집시키는 군수용 로켓을 대량으로 수집했다. 그리고는 실험을 통해 연료를 어떻게 효율적으로 에너지로 전환시키는지 보여 주었다.

그 무렵 그는 스웨덴의 공학자 칼 구스타프 드 라발이 발명한, 휠을 돌리기 위해 증기제트를 사용하는 증기터빈을 발견했다. 드 라발

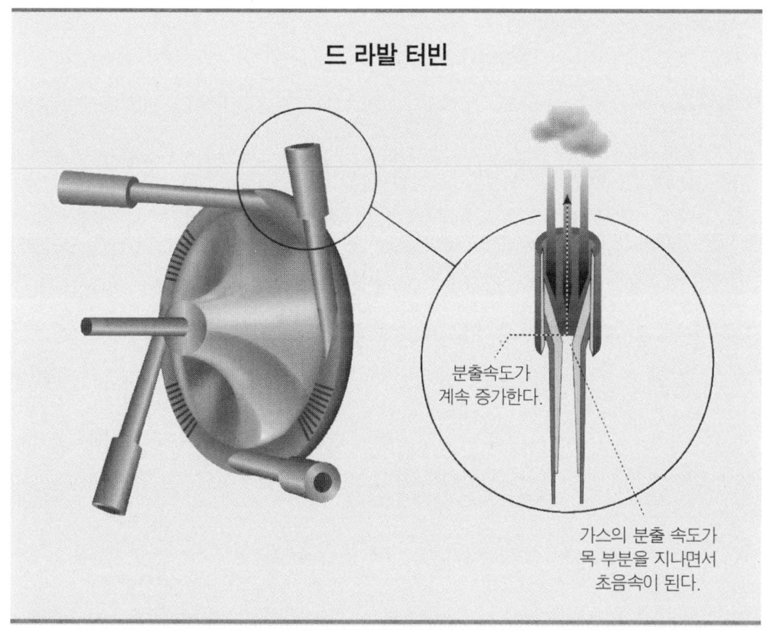

고다드는 자신의 로켓 엔진의 효율을 향상시키기 위해서 스웨덴 공학자 칼 구스타프 드 라발의 기울어진 노즐 설계를 이용했다.

의 노즐은 효율을 증가시키기 위해 기울어져서 설계가 되어 있었다.

증기가 좁아진 통로를 빠져 나갈 때 속력이 빨라졌다. 그러다가 증기의 분출 속도가 음속을 능가하게 될 때 매우 효율적으로 열에너지에서 운동에너지로 변환되었다. 드 라발의 노즐 설계는 로켓의 성능을 향상시키는 데 꼭 필요했던 바로 그것이었다. 추진력이 2퍼센트에서 무려 40퍼센트까지 향상되었다. 고다드는 이 장치를 이용하여 분말가스로 추진되는 로켓을 고도 148미터까지 이르게 할 수 있었다.

우주에서의 로켓

하지만 아무도 확신할 수 없는 의문이 남아 있었다. '과연 로켓이 우주의 진공 공간 속에서도 추진력을 얻을 수 있을 것인가?' 하는 것이었다. 그리고 '산소 없이 로켓을 추진시키는 연료가 연소할 것인가?'에 대한 의문도 있었다. 우주비행의 미래를 위해서는 이러한 질문들에 반드시 해답을 얻어야 했다.

거의 모든 물리학자들이 이 두 가지 질문에 부정적인 답변을 내놓았다. 이유는 두 가지였다. 첫 번째, 상대적으로 대항할 매개체, 즉 대기가 없다면 로켓은 앞으로 나아갈 수 없으며, 두 번째는 로켓을 추진시키는 연료는 산소가 없는 진공상태에서는 연소되지 않을 것이기 때문이었다. 하지만 고다드는 추진 연료의 혼합물에 이미 산소를 포함시킬 것이기 때문에 이론적으로는 진공 속에서도 연소가 가능하다고 보았다.

그는 회의적인 입장인 물리학자들에 맞서기 위해 진공실을 만들어 실험했다. 우선 진공실의 공기를 모두 빼내 진공으로 만든 다음 그 속에 로켓을 장착하여 발사시켰다. 50회 이상의 실험을 되풀이한 실험 결과는 대부분의 물리학자들의 예상을 뒤엎는 것이었다. 로켓은 진공 속에서도 작동할 뿐만 아니라 놀랍게도 대기 속에서보다도 약 20퍼센트 정도 더 나은 추진력을 얻을 수 있었기 때문이다. 그런데 고다드가 이와 같은 실험을 통해 증거를 보여 주었음에도 전문가들은 실험결과를 확신하지 못했다. 그들은 고다드의 업적을 무시하고 오히려 웃음거리로 만들었다. 원래 수줍음이 많은 고다드는 공식적인 자리에서 멸시 당하자 몹시 움츠러들었다.

이때부터 고다드는 자신의 실험을 비밀리에 진행했다. 하지만 로켓 발사 실험을 계속하기 위해서는 자금지원을 받아야 했다. 결국 그의 연구는 완전한 비밀을 유지할 수가 없었다.

1916년 9월, 고다드는 스미소니언 연구소의 사무관에게 고고도高高度에 도달할 수 있는 로켓을 개발하기 위한 재정 지원을 요청하는 편지를 쓰면서 자신이 지금까지 수행한 일에 대한 증명자료를 보냈다. 스미소니언은 고다드에게 모두 5,000달러를 지원했다. 이 일은 다른 과학자들의 질투와 시샘을 유발했지만, 결과적으로 고다드에게는 매우 중요한 기회와 생의 전환점을 마련해 주었다.

로켓공학 경력

제1차 세계대전이 발발하고 3년 뒤인 1917년, 미국도 이 전쟁에 참전한다. 미군 통신대와 병기부는 고다드에게 탄도무기 설계를 요청했다. 1918년, 고다드는 자신의 조수들과 함께 군관계자들 앞에서 다양한 형태의 화기로 시범을 보였다. 이때 선보인 화기는 나중에 바주카포라는 이름으로 알려지게 된다. 다행인지 불행인지, 고다드가 설계한 화기가 선을 보이기도 전에 제1차 세계대전은 막을 내렸다. 단지 화기의 가능성을 보인 것이 고다드가 한 일의 전부였고,

고다드가 1918년 캘리포니아 윌슨 산 근처에서 관 추진 로켓으로 시범을 보이고 있다. 이것은 나중에 '바주카'라고 불리게 된다.

이후로 군대는 그를 잊어버리고 말았다.

1919년 고다드는 스미소니언에서 발간하는 책자에 〈극고도에 도달하는 방법〉이라는 제목의 논문을 발표했다. 이 논문은 로켓 추진의 기초 지식과, 달에 도달할 수 있는 우주비행의 가능성에 대한 수학적 이론을 보여 준 미국 최초의 문서였다. 하지만 1920년 1월, 〈뉴욕 타임스〉는 불가능한 꿈을 공공연히 과시한다며 고다드와 그의 논문을 조롱하는 논설기사를 실었다. 이 일은 감수성이 예민한 고다드에게 큰 상처를 주었다. 이후로 그는 자신의 실험과 연구를 보다 더 비밀스럽게 진행해 나가게 되었다.

고다드는 자신이 진행하는 실험과 연구에 관한 자세한 사항은 오로지 자신이 전적으로 신뢰하는 몇몇 사람에게만 밝혔다. 하지만 액체추진 로켓을 개발하기 위해 재정적 지원을 받지 않을 수 없었다. 액체추진 연료를 개발하는 일이 로켓의 성공을 좌우했다. 고다드는 고체연료로는 지구가 로켓을 잡아당기는 중력을 극복할 추진력을 얻을 수 없을 것이며, 오직 액체산소와 액체수소 연료의 촉진제로 섞은 것을 사용할 때에만 우주 공간에 도달할 만큼 충분한 속도를 얻을 수 있을 것이라고 확신했다.

1920년, 고다드는 클라크 대학의 물리학 교수가 되어 1943년까지 근무했다. 그리고 미국 해군에서는 로켓 개발에 대한 시한부 계약을 제안해 왔다. 물론 이 일은 군사기밀에 속했다.

미국 해군과 로켓을 개발하는 일은 메릴랜드 주에 있는 인디언헤드 분말공장의 비밀기지에서 수행되었다. 이 일은 사실 고다드 개인의 첫 번째 목표인 액체 추진 로켓을 개발하는 일과는 무관했지만, 그가 누구에게도 의존하지 않고 자신의 실험을 진행하기 위해서는 돈이 필요했다.

미국 해군을 위해 고다드는 잠수함의 위협에 맞설 수 있는 수중폭뢰 로켓과 장갑차를 관통하는 탄두 추진 로켓을 개발했다.

1923년 3월 해군과의 계약이 종료되자 고다드는 액체연료로 추진되는 엔진을 설계하기 위한 물리적 실험을 시작했다. 그즈음 고다드는 스웨덴 출신의 에셔 크리스틴 키스크와 결혼식을 올렸다.

고다드의 키티호크

이후로 몇 년 동안은 여러 기관의 재정 지원을 받아 실험을 계속할 수 있었다.

마침내 1926년 3월 16일, 오랫동안 기다려왔던 순간이 온다. 수년에 걸친 비밀스러운 작업의 결과물로 첫 번째 액체추진 로켓을 성공적으로 발사하게 된 것이다. 사실 그렇게 비밀이라고 할 수도 없는 것이 고다드는 이미 수많은 특허를 출원하였으므로 그가 하고 있는 일은 어느 정도 알려져 있었다.

1916년 이후 고다드는 폭발의 위험이 있는 실험들(많은 것들은 실패했다)을 매사추세츠 주 오번에 있는 숙모 에피 워드의 농장에서 수행했다. 고다드가 액체추진 로켓을 발사한 곳도 그 농장의 양배추밭이었다. 로켓의 무게는 5킬로그램이었고 몸체는 알루미늄과 마그

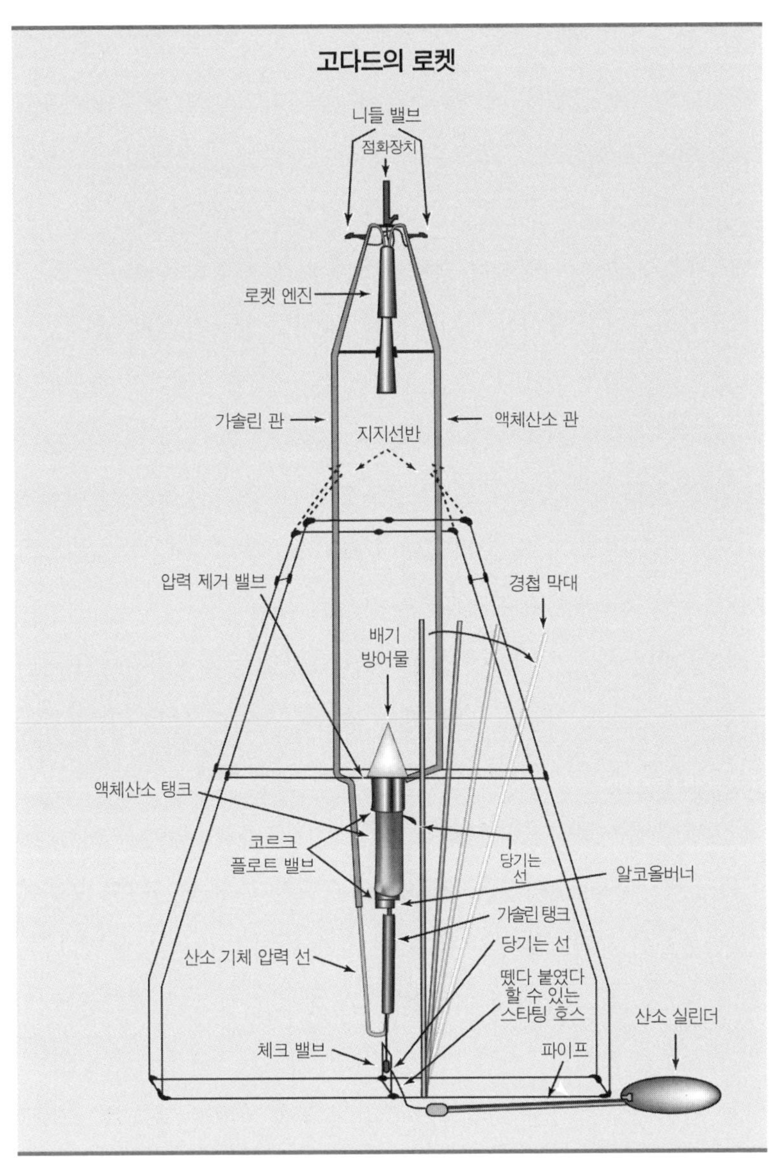

로버트 고다드는 1926년 매사추세츠 주 오번에서 이 액체산소/가솔린 로켓을 발사한다. 이 로켓은 2.5초 만에 시속 96킬로미터의 속도에 도달했고 12.5미터까지 치솟은 다음 발사된 곳으로부터 56미터를 날아서 땅으로 떨어졌다.

네슘 합금으로 만들어졌다. 로켓은 높이 3미터의 프레임 속에 들어 있었고 연료탱크 위에 배기출구를 달았다. 이와 같이 장치한 이유는 추진력이 로켓을 미는 힘으로 작용하기보다는 끌어당기는 쪽으로 작용하는 것이 더욱 더 효율적이라고 생각했기 때문이었다.

로켓은 가솔린과 냉각된 액체산소에 의해 추진되어 공중을 12.5미터 날아올라서 발사된 곳으로부터 56미터 떨어진 땅에 떨어졌다. 비행은 완전하지 않았다. 그러나 액체추진 로켓이 제대로 작동했다는 사실만으로도 고다드는 황홀했다. 그 후 몇 달 동안 고다드는 숙모의 농장을 '나의 키티호크'라고 불렀다. 그것은 1903년에 미국의 라이트 형제가 인류 최초의 동력비행에 성공했던 곳인 노스캐롤라이나 주의 키티호크를 빗대어 붙인 이름이었다.

이제 비밀 유지가 일상이 되어 버린 고다드는 재정지원자인 스미소니언 연구소에 자신의 로켓 발사 성공을 비밀로 해달라고 고집했다. 이 때문에 액체연료로 추진되는 로켓의 첫 번째 발사 성공 소식은 일반에게는 알려지지 않았다.

1929년 여름, 고다드는 새로운 액체추진 로켓을 가지고 오번에 있는 숙모의 농장으로 돌아왔다. 이 로켓 역시 미국 역사상 또 다른 첫 번째 기록을 세우게 된다. 고다드가 새로 가지고 온 로켓은 최초의 액체추진 로켓보다 5배 이상 무거운 26킬로그램짜리였다. 이 로켓은 지난번에 발사한 로켓과는 달리 몸체에 카메라, 온도계 그리고 기압계를 부착하고 있었다. 카메라는 회수 낙하산에 부착된 스위치 레버에 의해 작동되었다. 이 실험으로 고다드는 미국에서 처음으로 장비를 운반하는 로켓을 개발한 셈이 되었다. 그러나 로켓 발사 때 주위에서 발생하는 불꽃이 장비를 망가뜨리고 말았다.

덩치가 커진 로켓의 폭발 소리가 너무 커서 수킬로미터 주변의 사람들을 깜짝 놀라게 만들었다. 공중을 날아 떨어진 로켓이 추락할 때 발생한 굉음은 한층 더했고, 들판에 불이 붙기도 했다. 불안을 느낀 주민들은 안전하게 살 권리를 주장했다. 이 소동으로 얼마 지나지 않아서 지역 소방서장은 고다드에게 매사추세츠 주 어디서도 더 이상의 로켓 실험을 할 수 없다고 경고했다. 이 일로 인해 고다드는 또 다시 사람들로부터 곱지 않은 주목을 받게 되었다. 신문들은 고다드의 실험을 비난했고, 사람들은 그를 '달나라 사람'이라고 비아냥거렸다.

나쁜 뉴스가 좋은 소식이 되다

1929년의 로켓 발사 소동으로 고다드가 받게 된 관심은 대부분 부정적인 것이었다. 하지만 고다드에게는 전화위복의 계기가 되었다. 세계적으로 유명한 비행사 찰스 린드버그가 고다드의 실험에 관심을 갖게 되었기 때문이었다.

린드버그는 이 소동이 일어나기 2년 전에 자신의 단엽기, '세인트루이스의 영혼Spirit of St. Louis'을 몰고 세계 최초로 뉴욕에서 파리까지 논스톱으로 대서양 단독 횡단 비행에 성공해서 세계적인 명성을 얻은 바 있었다. 새로운 비행 기술을 다루는 것이라면 어떤 것이든 지지했던 린드버그는 누구보다도 고다드를 잘 이해했고, 그의 연구를 돕겠다고 마음먹었다. 그는 로켓 연구를 위한 자금을 지원받기 위해 다니엘 구겐하임 재단과 접촉했다. 린드버그의 노력으로 고다드는 구겐하임 재단으로부터 10만 달러의 연구비를 받아냈다. 다만 실험을 하기에 적합한 장소를 먼저 물색한다는 조건이 붙어 있었다.

이듬해인 1930년, 고다드는 클라크 대학으로부터 2년간의 휴직을 허락받고 자신의 연구실을 뉴멕시코 주의 로스웰로 옮겼다. 고다드는 아내, 신임하는 4명의 기술자들과 집을 마련하고 메스칼레로 랜치라고 불리는 지역의 땅 12,200여 평을 사들였다. 그는 마을에서 16킬로미터 떨어져 있는 고립된 지역에 로켓 발사 타워를 세웠다. 고다드는 이제 로켓을 개발하는 데 필요한 충분한 자금을 지원받고 더불어 어느 누구의 방해도 받지 않는 상태에서 마음껏 일할 수 있게 되었다. 그는 더 크고 성능이 우수한 로켓을 설계하겠다는 목표로 일을 시작했다.

로스웰에서 실험하는 로켓의 규모가 점점 커질수록 고다드는 거의 신경증적일 정도로 비밀 유지에 집착했다. 그 무렵 독일에서 로켓 개발 실험을 하고 있다는 뉴스가 전해져 로켓은 세간의 관심을 받기 시작했다. 사람들이 로켓에 관심을 기울이게 된 데에는 1923년 독일의 헤르만 줄리어스 오베르트가 《행성 간 우주행 로켓》이라는 책을 펴낸 것도 한몫했다. 고다드는 로켓 공학에 대한 오베르트의 학설은 알지 못했다. 하지만 세계의 관심이 고고도 로켓을 최초로 개발하는 데 집중되고 있다는 사실은 충분히 알고 있었다. 그래

서 더 극단적으로 로켓 설계에 대한 보안을 유지하려 했다. 나중에 알게 된 사실이지만, 독일에서 개발한 유명한 로켓 V2의 내부 설계는 고다드의 것과 똑같다고 할 정도로 유사했다. 시간이 지나면 유사성은 동시대적인 것이 된다. 그러나 고다드는 그러한 사실을 끝까지 인정하지 않았다.

1930년 12월 30일에 고다드는 로스웰에서 첫 번째 로켓을 발사했다. 이 로켓은 고다드가 당시까지 발사한 로켓들 가운데 가장 높은 고도에 도달했다. 이 로켓은 7초 만에 610미터 고도에 도달했다. 물론 그의 로켓은 여전히 풀리지 않는 숙제를 안고 있었지만, 그는 이 발사를 성공적인 비행이었다고 기록했다.

고다드는 무엇보다 운항 중에 로켓의 안정을 유지하도록 하는 것이 첫 번째 과제라는 것을 알았다. 로켓을 아무리 높이 쏘아 올린다고 해도 로켓의 궤도가 불안정해서 원하는 목적지까지 가지 못하고 엉뚱한 곳으로 간다면 아무런 소용이 없는 일이었다.

고다드는 곧 로켓의 안정을 유지하는 데 쓰일 회전운동 안정장치 gyroscopic stabilizer를 설계하기 시작했다. 로켓의 방향이 바뀌기 시작할 때 자이로스코프는 분출구 근처에 세워진 날개를 바로 잡으며 반대쪽 방향으로 기울어져서 로켓을 올바른 방향으로 다시 넘어가게 하는 역할을 한다.

1932년 고다드는 이 회전운동 안정장치를 장착한 첫 번째 로켓을 발사했다. 이 로켓이 도달한 고도는 다소 실망스러웠지만 로켓은 전과 달리 올바른 궤도를 유지했다. 이로써 고다드는 로켓의 안정성을 유지하는 데 꼭 필요한 기술력을 얻었다.

더 높은 고도를 향하여

1934년 9월부터 1935년 10월까지 고다드는 전적으로 회전운

고다드가 뉴멕시코 주 로스웰에서 첫 번째 비행을 성공시킨 로켓

이 로켓은 1930년 12월 30일에 발사되었다. 로켓은 고도 610m에 도달했는데 그의 로켓들이 그때까지 도달한 가장 높은 고도였다. 고다드의 기술자인 헨리 사하가 뒤쪽 벽 너머에 보인다.

동 안정장치를 보다 완전하게 만드는 일에 매달렸다.

1935년 7월, 마침내 고다드는 회전운동 제어, 엔진 콘셉트 그리고 송풍 날개 조정 메커니즘에 대한 설계 개선을 마무리한다. 이렇게 하여 발사된 A-8과 A-10 로켓은 약 1.6킬로미터 이상의 고도까지 도달했다. 고다드는 모두 14개의 'A 시리즈' 로켓을 쏘아 올렸다.

보다 더 높은 고도에 도달하기 위해서 1936년부터 고다드는 A

시리즈보다 더 큰 'L 시리즈' 로켓을 시험하기 시작했다. 처음에 L 시리즈 로켓은 A 시리즈 로켓보다 길이가 약간 짧았지만 직경은 A 시리즈에 비해 배로 늘어나서 둘레가 45.7센티미터나 되었다.

고다드가 고심한 문제는 극고도에 도달하기 위한 로켓을 개발하는 것이었지만, 어떤 설계가 최선의 선택인지는 알 수 없었다. 고다드는 학식이 뛰어난 물리학자이기는 했지만 공학 분야까지 뛰어난 재능을 갖추고 있었던 것은 아니었다. 고다드의 실험은 엉뚱한 데가 있었다. 물론 고다드에게는 조수가 있었지만, 그들이 고다드를 도울 수 있는 데에는 한계가 있었다.

고다드는 모두 30발의 L 시리즈 로켓을 쏘아 올렸다. 어떤 것은 자이로스코프가 장착되어 있었고, 어떤 것들은 장착되어 있지 않았다. 커다란 질소 가스탱크를 장착한 것들도 있었고 어떤 것들은 그보다 작은 액체 질소 탱크를 장착하고 있었다. 길이나 직경을 따져 보았을 때도 로켓의 종류는 다양했다. 길이 5.5미터를 넘는 것이 있는가 하면, 직경은 22.8센티미터까지 줄어든 것도 있었다.

1937년 쏘아 올린 L-13 로켓은 고다드가 쏘아 올린 모든 로켓들 중에서 가장 높이 올라갔다. L-13 로켓은 비록 낙하산에 문제가 생기기는 했지만 거의 2,744미터까지 도달했다. 그리고 L 시리즈의 마지막 로켓인 L-30은 가장 성공적인 비행을 했다. L-30 로켓이 도달한 고도는 약 2킬로미터로 L-13보다 고도가 낮았지만, 하늘로 날아오른 L-30 로켓은 수직비행을 한 뒤에 완벽하게 낙하산을 펼쳤다.

상처 난 영혼

1938년에 고다드는 로켓의 적재중량을 가볍게 하기 위해서, 그리고 연소실로 보내는 연료의 흐름을 보다 효율적으로 조절하기 위해서 성능이 한층 강화된 로켓 엔진을 만들겠다는 계획을 세웠다. 그는 자체연료공급 체계로 엄청난 추진력을 낼 것으로 기대되는, 새롭고 가벼운 펌프-터빈으로 구동되는 유닛을 설계했다. 고다드는 이 로켓을 'P 시리즈'라고 불렀다. 고다드는 결과적으로 모두 36개의 P 시리즈 로켓을 시험했다. 그리고 이 P 시리즈가 고도에 도달하려는 고다드의 마지막 시도가 되었다.

7.3미터 길이의 P 시리즈 로켓은 고다드가 가장 고심해서 설계하고 제작한 것이었다. P 시리즈는 로켓 공학에 관한 고다드의 모든 지식이 총망라된 펌프-터빈 엔진을 장착하고, 회전운동 안정장치, 고압력 연소실, 가볍게 만든 연료탱크, 그리고 낙하산 산개 시스템까지 두루 갖추고 있었다.

고다드가 첫 번째 P 시리즈 로켓을 발사한 날은 1940년 2월 9일이었다. 고다드는 로켓을 발사하기 전에 흥분과 기대로 가슴이 한껏 부풀어 있었지만, 로켓은 날아오르지 못하고 발사대에서 폭발하고 말았다. 실패 원인은 얼음이 점화장치를 막히게 했기 때문이라고 보았다. 그런데 두 번째로 발사한 P 시리즈 로켓 역시 실패하고 말았다. 이후에 발사를 시도한 모든 P 시리즈가 이런저런 이유로 잇따라 실패했다. 펌프-터빈 엔진은 성공적으로 작동했다. 진정한 문제는 단지 운이 없었다는 것이다. 지독한 불운이 성공으로 향하는 고다드의 비상을 가로막고 있었다.

1941년 10월 10일 고다드는 자신의 마지막 로켓을 발사했다. 하지만 이번에도 운이 따르지 않았다. P-36 로켓은 성공적으로 점화되었지만, 로켓이 발사대 사이에 끼고 말았던 것이다. 그가 이제까지 한 번도 겪어 보지 못한 일들이 벌어진 것이다. 섬광을 일으키며 타오르던 불꽃이 P-36의 발사대에서 꺼졌을 때, 고다드의 야망의 불꽃도 그렇게 꺼지고 말았다. 고다드의 마음속에 타오르던 어린아이와 같은 열정은 우주 공간에 도달하려던 그의 오랜 꿈을 지켜준 가장 큰 힘이었다. 그러나 이제 그 꿈이 수많은 실패를 뒤로한 채 끝나게 되자 고다드의 깊은 절망이 희망의 불꽃을 재로 만들었다. 마침내 고다드의 영혼이 꺾이고 만 것이었다. 고다드는 결국 극고도에 도달하려던 일생의 꿈을 포기해야 했다. 이후로 그는 다시는 로켓을 발사하지 못했다.

고다드의 유산

그즈음 다시 한 번 전쟁이 미국의 지평선을 물들이고 있었다. 제2차 세계대전이 발발한 것이었다. 고다드는 미국 해군에 자원해 비행선에 사용되는 제트 보조이륙장치JATO=jet-assisted-take-off를 설계하기로 하고 일을 시작했다. JATO는 고정날개비행기 또는 날개 달린 미사일의 단거리 급상승 이륙을 위해 단시간 내에 추진력을 크게

펌프와 터빈 연료공급 체계

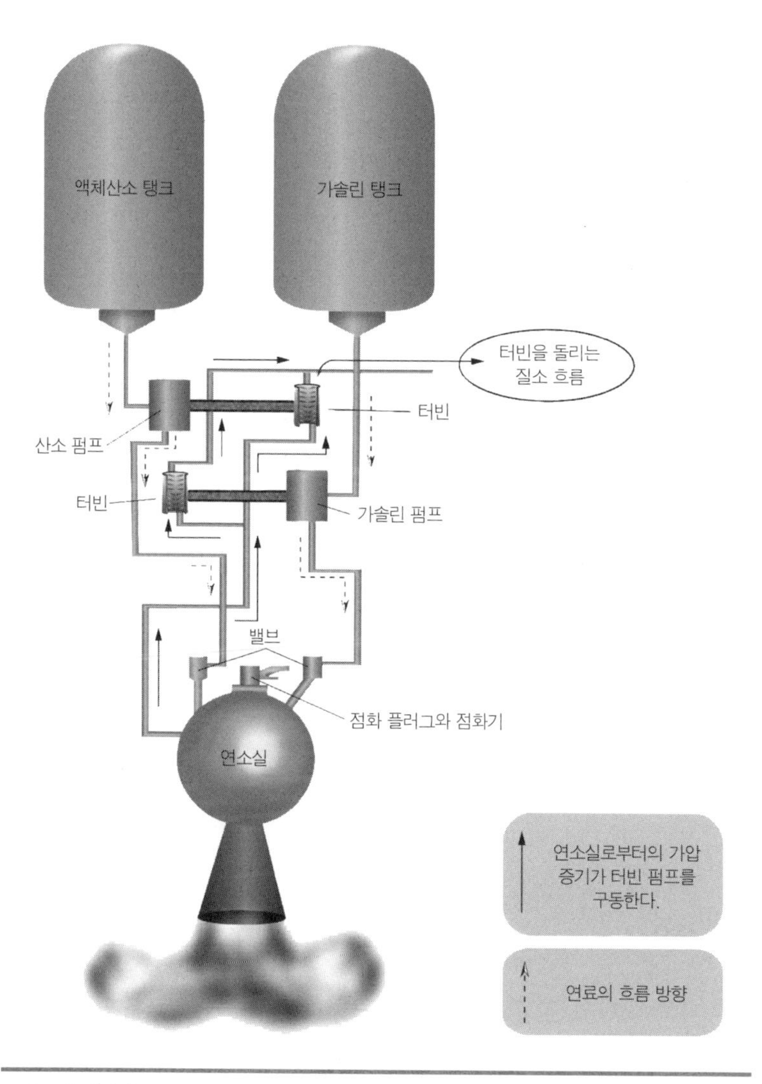

고다드가 자신의 마지막 로켓 시리즈에서 사용한 펌프와 터빈 연료공급 체계를 간단히 그린 도면

낼 수 있도록 제작된 착탈식 보조로켓이다.

1942년 7월부터 고다드는 메릴랜드 아나폴리스에 있는 해군 공학 실험국에서 일했다. 그곳에서 그는 1945년 7월까지 JATO를 개발하는 일을 감독하게 된다.

고다드의 P 시리즈 로켓 중 하나가 발사대에서 발사를 기다리고 있다. 1940년 3월 21일 뉴멕시코주 로스웰

1945년 6월, 고다드에게 뜻하지 않은 일이 닥쳤다. 그를 진찰한 의사는 인후암이라는 진단을 내렸다. 로켓 실험에 몰두하며 담배를 즐긴 것이 원인이었다. 의사는 두 명의 외과의와 상의해서 고다드의 기관지와 후두를 제거한다. 하지만 이와 같은 대수술에도 불구하고 1945년 8월 10일, 고다드는 메릴랜드 볼티모어 병원의 산소탱크 안에서 숨을 거두었다.

로버트 고다드는 혼자만의 힘으로 현대의 로켓을 개발했다. 고다드의 업적은, 그가 살아 있는 동안에는 마땅히 받았어야 할 주목을 받지 못했다. 그렇게 된 데에는 부분적으로 고다드의 잘못이 컸다고 할 수 있을 것이다. 만약 고다드가 자신의 실험을 비밀스럽게 진행하지 않았다면, 또 고다드가 보다 재능 있는 공학자를 제공하겠다는 캘리포니아 공과대학의 제안을 거절하지 않고 받아들였다면 현대 로켓공학은 보다 빠른 속도로 발전을 이루었을 것이다. 고다드는 노련한 물리학자였지만, 적절한 공학적 훈련을 받지 않은 채 공학자가 되려고 했다.

미국은 1950년대에 와서 우주를 정복하려는 야심찬 계획을 세웠다. 그제야 사람들은 고다드가 로켓 개발에 기울였던 열정과 노력을 제대로 평가하기 시작했다. 이후로 로켓을 만들거나 위성을 발사하려던 미래의 로켓 설계자들은 고다드의 특허 없이는 아무것도 할 수 없다는 사실을 알게 되었다.

생전에는 어떤 영광도 누리지 못했지만, 오늘날 고다드의 업적은 로켓 개발에 있어서 매우 가치 있는 것으로 평가받고 있다.

연 대 기

1882	매사추세츠 주 워세스터에서 10월 5일 출생
1888~98	보스턴에서 학교에 다니기 시작
1898	우주 공간으로 날아가는 장치를 만드는 아이디어를 얻음
1904	워세스터 공과대학 입학
1908	워세스터에 있는 클라크 대학에 들어감
1911	클라크 대학에서 물리학 박사학위를 받음
1912	프린스턴 대학의 팔머 물리학 연구실에서 연구 장학금을 받음 진동에 대한 첫 번째 특허 신청
1914	로켓 추진 설계에 대한 2개의 특허를 받음 클라크 대학에서 물리학 시간강사 자리를 얻음
1915	진공 속에서도 로켓이 작동한다는 사실을 처음으로 증명
1919	스미소니언에 〈극고도에 도달하는 방법〉을 발표
1920	클라크 대학에서 물리학 교수가 됨 미해군을 위한 무기개발을 시작함
1923	해군을 위한 수중폭뢰 로켓과 장갑을 관통하는 탄두를 추진시키는 로켓 개발 액체연료로 추진되는 엔진 설계에 대한 실험을 함

1926	3월 16일, 첫 번째 액체 추진 로켓을 쏘아 올림
1929	미국의 첫 번째 액체 추진 로켓을 설계하고 제작하고 발사함 찰스 린드버그가 후원자가 됨
1930	다니엘 구겐하임 재단으로부터 10만 불의 재정지원을 받음 연구실을 뉴멕시코 주의 로스웰로 옮김
1932	회전운동 안전장치를 사용한 첫 로켓 발사, 자율 유도장치의 발전에 기여
1934	A 시리즈 로켓 테스트 시작
1936	L 시리즈 로켓 테스트 시작
1937	L-13 로켓이 고다드의 로켓 중에서 가장 높은 고도에 도달함
1938	P 시리즈 로켓 설계를 시작함. 모두 실패로 끝남
1941	36번째 펌프-터빈 로켓 발사 실패 후 마침내 극고도 로켓 개발을 포기함 9월에 미해군과 JATO 계약
1942	메릴랜드 아나폴리스에 있는 해군 공학 실험국에서 JATO 프로젝트를 감독함
1945	메릴랜드 볼티모어에서 8월 10일 후두암으로 사망

폰 브라운이 개발한
새턴 로켓으로 인해
우주여행의 길이 열렸다!

Chapter 8

우주여행의 꿈을 실현한 과학자,

베르너 폰 브라운

Wernher von Braun
(1912~1977)

20세기의 가장 앞선 로켓 공학자

베르너 폰 브라운은 독일 출신의 물리학자로 유명한 로켓 과학자 중 한 사람이다. 그는 1930년대부터 1970년대까지 우주탐사 분야를 이끌었다. 제2차 세계대전 동안 나치 독일에 의해 추진되었던 V-2 미사일의 개발자로도 잘 알려져 있다. 폰 브라운은 제2차 세계대전이 끝난 후 미국 시민이 되었으며, 미국항공우주국NASA에 소속되어 알라바마 주 헌스빌에 위치하고 있는 마샬우주비행센터의 책임자로 일하게 되었다. 그는 최초로 미국의 우주인들을 달로 쏘아 올린 새턴 V 발사체의 개발을 이끈 것으로 유명하다.

도전
NASA
NASA

귀족 가문

베르너 폰 브라운은 동부 독일의 비르지츠(지금은 폴란드의 위르츠스크)에서 1912년 3월 23일에 태어났다. 그의 집안은 전통 귀족 가문인 베르너 마그너스 막스밀리언 가문이었다. 베르너는 바론 마그너스 폰 브라운의 3남매 중 둘째로 태어났다. 그의 아버지는 독일저축은행 설립자 중 한 명이었고 나치정부 하에서 농림부 서기를 지낼 정도로 사업과 정치에 능한 사람이었다.

베르너가 태어날 무렵, 그의 고향에는 전쟁의 어두운 그림자가 드리워져 있었다. 베르너가 두 살 때 제1차 세계대전이 일어났으며 그 전쟁은 1918년에 독일이 패하고서야 끝이 났다. 전쟁이 끝난 후 고향에서는 전쟁으로 폐허가 된 나라의 재건운동이 일어났으며 독일은 바이마르 공화국으로 알려진 민주주의 국가 형태를 갖추고 기존의 전통적인 독재를 멀리하는 정치를 했다. 독일의 패전으로 폰 브라운의 고향인 비르지츠가 1920년 폴란드로 넘어가게 되었을 때 아버지 폰 브라운은 베를린으로 이사했다. 당시 베를린에는 아인슈타인, 막스 프랑크, 에르빈 슈뢰딩거와 같은 유명한 과학자들이 활동하고 있었다.

과학적인 교육환경과 사회적인 혁명을 배경으로 베르너의 학교교육이 시작되었다. 베르너와 그의 형 지그문트는 어려서부터 화약에 상당한 호기심을 갖고 있었다. 베르너의 로켓에 대한 집념은 이때부터 시작되었다.

어느 날 형제는 불꽃을 일으키는 폭죽을 사서 점화 실험을 해 보았다. 형 지그문트는 점화 실험을 한 것만으로도 호기심을 채울 수 있었지만, 베르너의 호기심은 오히려 더욱 커졌다. 그리고 더 나아가 로켓에 대한 흥미를 갖기 시작했다. 열세 살 때 베르너는 차 뒤에다 불꽃을 일으키는 폭죽을 매달아서 추진력 실험을 했다. 결국 차는 화염에 휩싸인 채 길거리로 나서게 되었다. 이 실험으로 그는 경찰에 체포되기도 했다. 이런 베르너에게 몽상가라는 별명이 붙은 것은 어쩌면 당연한 일이었는지도 모른다.

사실 베르너는 음악과 미술에 재능을 보였지만 수학과 물리학 같은 과목에서는 점수가 좋지 않았다. 이런 그에게 새로운 계기가 마련된 것은 천체망원경을 선물로 받으면서였다. 가톨릭 성당에서 베르너가 견진세례를 받은 것을 축하하며 아마추어 천문학자였던 그의 어머니가 선물한 것이었다. 베르너는 선물로 받은 망원경을 가지고 밤하늘을 관찰하며 대부분의 시간을 보냈다. 이를 통해 우주에 대한 상상력을 키워 나갔다. 그리고 어머니로부터 천문학에 대한 이야기를 들으며 우주여행의 가능성을 꿈꾸기 시작했다. 이후로 베르너의 관심은 온통 우주와 물리학에 쏟아졌다. 한때 베르너는 수학 과목에서 낙제를 하기도 했지만, 우주에 관심을 가지면서 수학을 잘해야 한다는 사실을 알고 나서는 수학 공부도 열심히 했다. 그 결과 베르너는 선생님 대신 수업을 진행할 수 있을 정도로 수학을 잘하게 되었다.

위대한 비전을 가진 청년

선물로 받은 천체망원경으로 우주에 대해 관심을 갖기 시작한 베르너는 과학소설을 흥미롭게 읽으며 자신의 꿈을 더욱 단단하게 다졌다. 베르너는 공상과학 소설가 쥘 베른이 쓴 《지구에서 달까지 From the Earth to the Moon》나 조지 웰스의 《세계전쟁 War of the Worlds》과 같은 우주여행과 관련된 소설을 즐겨 읽었다. 하지만 어느 책보다 베르너에게 많은 영향을 끼친 책은, 독일의 우주여행 이론가 헤르만 오베르트가 쓴 《행성 간 우주행 로켓》이었다. 1925년 오베르트의 우주여행에 대한 이론을 읽은 후, 책에 나오는 로켓 설계 도면을 포함한 그의 위대한 생각이 베르너의 마음을 사로잡았다. 오베르트의 앞선 생각들은 훗날 베르너의 미래를 결정하는 역할을 했다.

베르너는 우주여행의 꿈을 실현하기 위해서는 물리학을 공부하는 것이 가장 좋은 방법이라는 사실을 깨달았다.

1928년 베르너의 아버지는 베르너를 중부 독일의 바이마르 주에 있는 헤르만 리츠 학교에 입학시켰다. 헤르만 리츠의 교육과정은 진정한 학문과는 거리가 멀었다. 목수일와 벽돌 쌓는 기술만을 가르쳤다. 다행히 학교에서도 과학을 향한 베르너의 열정을 알고 있었기 때문에 저녁시간 동안 작은 망원경을 가지고 한두 시간 정도 보낼 수 있도록 허락해 주었다.

1930년에 베르너 폰 브라운은 베를린 공과대학에 들어가 1932년 기계공학 학사 학위를 취득했다. 그리고 1930년, 베를린 공대에 있는 동안 로켓을 연구할 일념으로 VfR Verein Fur Rausmschiffahrt(우주여행학회)이라는, 새로이 창립된 아마추어 모임의 회원이 되었다.

베르너가 참가한 VfR에는 베르너에게 최초로 영감을 준 헤르만 오베르트 교수도 있었다. 베르너는 헤르만 오베르트 교수를 포함하여 창립 회원 어느 누구와도 견줄 수 없을 만큼 커다란 야망을 품고 있었다. 오베르트와 베르너는 곧 친한 사이가 되었다.

1930년과 1931년 사이에 VfR은 여러 가지 디자인의 엔진을 가지고 87번이나 로켓 발사 실험을 했다. 그리고 270회에 걸쳐 정기적인 테스트도 했다. 하지만 VfR의 로켓은 테스트 도중 엔진에 불이 붙어서 번번이 실패하고 말았다.

사람을 우주 공간으로 보낸다는 생각은 베르너 폰 브라운만의 유일하고 위대한 생각이었다. 그렇지만 우주여행에 대해서는 많은 의문이 있었다. 예를 들어 '우주 공간에서 신체는 어떻게 반응할까?' 같은 의문들이었다. 이 질문에 대한 답을 얻기 위해 1931년에 베르너 폰 브라운은 콘스탄틴 제네랄이라는 의학생과 함께 자전거 바퀴를 원심분리기처럼 활용하여 흰쥐로 실험을 했다. 그러한 실험기구는 가속의 힘 속에서 신체가 어떤 영향을 받는지 알기 위해서 만들어진 것이었다. 사람이 우주에서 로켓으로 여행할 때 지구에서 잡아당기는 중력의 힘을 충분히 느낄 수 있도록 한 것이다. 실험 결과, 쥐는 가속의 힘에 잘 적응하지 못했다. 따라서 인간이 우주여행을 할 때에도 중력의 영향에 대비할 수 있는 안전장치가 필요하다는 결론을 얻을 수 있었다.

기회가 찾아오다

1932년, VfR은 라켓텐프러그프라츠 로켓 발사 실험장에서 군 관계자들을 위한 액체연료 로켓 발사 실험을 준비했다. 하지만 그들이 행한 실험에서 로켓은 불안정하고 과열되는 문제를 보였기 때문에 실험은 성공이라고 할 수 없었다. 그러나 베르너 폰 브라운은 독일군 로켓 연구소의 월터 돈베르거 소장에게 강한 인상을 주었다. 돈베르거는 베르너를 상사에게 소개했고, 상사인 코로넬 칼 베커는 베르너에게 베를린 대학에서 물리학 박사 학위를 주는 조건으로 군을 위해서 로켓의 개발을 제안했다. 이 제안은 젊은 과학자에게 대단히 파격적인 것이었다. 베르너는 군에서 탄도무기를 개발하라는 요청을 할 것이라는 사실을 예상하고 있었지만 이 제안을 받아들이기로 했다. 베르너는 이 일이 장차 액체연료 로켓으로 인류를 우주에 보낼 자신의 이상적인 목표를 실현시킬 수 있는 기회가 될 것이라고 생각했다.

1932년 10월 1일 베르너 폰 브라운은 독일군에서 일하는 민간 고용인이 되었다. 그는 1933년에 남 베를린에서 32킬로미터 떨어진, 군부대가 설치되어 있는 쿰메르스도르프로 이사했다. 군에서는 베르너에게 실험기지를 제공하고 세 명의 동료를 붙여 주었다. 그리고 베르너는 1934년에 베를린 대학에서 액체로켓추진이론으로 물리학 박사 학위를 받았다.

쿰메르스도르프에서 베르너와 그의 팀은 VfR에서 일찍이 경험했던 문제들, 다시 말해서 가장 큰 문제인 로켓의 자세가 불안정해지는 문제를 포함한 여러 가지 문제들을 연구했다. 베르너의 팀은 곧 첫 번째 액체연료추진 로켓인 애그리겟 1 또는 애그리겟 A-1이라고 이름 붙인 로켓을 발사할 준비를 갖추게 된다. 이 로켓은 로켓의 돌출부 끝에 **자세** 제어 시스템을 장착했으며, 길이가 140센티미터에 무게는 39킬로그램이었다. 로켓의 연료는 알코올과 액체산소였는데, 이 각각의 연료는 별도로 분리된 탱크 속에서 가압 질소를 이용하여 연소실로 보내지게 되어 있었다. 하지만 실험은 실패로 끝났고, 앞쪽에 위치한 자이로스코프 자세 제어 시스템이 부적합하다는 결론을 얻었다.

(비행)**자세** 우주 과학에서 운동 방향에 대한 우주선의 특별한 정렬 상태. 지평선이나 특정한 별과 우주선의 축과의 관계로 정해지는 우주선의 위치(방향)

이후로 애그리겟 A-1 대신 애그리겟 A-2를 만드는데, 이것은 머리 쪽이 덜 무겁도록 하기 위해 자이로스코픽 자세 제어 시스템을 로켓의 중앙에 오도록 바꾼 것이었다. 이 설계는 적중했다. 베르너의 팀은 1934년 말에 고도 1,981미터에 이르는 로켓을 탄생시킨 것이었다. 그 당시 베르너의 애그리겟 A-2 로켓은 모든 로켓 가운데 최고의 기술력과 성능을 가진 것으로 평가받았다.

베르너 폰 브라운이 로켓 시험에 몰두해 있는 동안 나치당(국가사회당)의 지도자인 아돌프 히틀러가 독일의 새로운 수상이 된다. 새로운 나치 정부는 정부에서 행하는 실험을 제외한 모든 로켓 실험을 금지시켰고, 따라서 VfR도 해체되지 않을 수 없었다. 루프트와페라고 불리는 독일공군이 프로펠러로 추진되는 항공기에 짧은 시간 안에 힘과 스피드를 내게 할 보조동력으로 로켓의 추진력에 흥미를 갖게 된 것도 이 무렵이었다. 베르너는 이러한 목적으로 로켓을 설계하기 시작했다.

이 당시 베르너 폰 브라운은 비행사 자격증을 취득했다. 1936년에 쿰메르스도르프 팀은 베르너 폰 브라운의 지휘 아래 로켓의 추진력이 일반 항공기에도 적용될 수 있음을 입증하게 된다. 1936년부터 1938년 사이에 베르너는 루프트와페에서 일하는 동안 메서슈미트Messerschmidtt와 같은 전투기와 스투카Stuka 등의 급강하 폭격기를 향상시키는 연구를 했다.

통합군

1936년, 독일 육군과 루프트와페는 함께 팀을 이뤄서 베를린 북쪽으로 241킬로미터 떨어진 발트 해 북서쪽 해안가의 피네뮌데 마을 가까이에 새로운 군사용 로켓 기지를 세웠다. 1937년 베르너 폰 브라운은 자신의 팀 대부분을 부분적으로 완성된 기지로 옮기고 군대의 로켓 실험 프로그램의 기술 감독이 된다. 베르너와 그의 팀은 세계 최초의 장거리 미사일 제작을 시작하게 되는데, 그 기초는 1939년에 완성되었다.

베르너의 팀은 로켓유도시스템을 개발하기 위해 많은 실험을 수행했다. 그의 팀이 행한 실험 가운데에는 약 6킬로미터 상공에서 폭격기로 시험 비행체를 땅으로 떨어뜨려 초음속에 도달하는 동안 낙하하는 물체의 움직임을 촬영하여 필름에 담는 것도 포함되어 있었다.

1942년 10월 3일, 피네뮌데 팀은 큰 기대를 안고 A-4를 발사했다. 12톤이나 나가는 로켓은 96킬로미터 높이에서 192킬로미터의 거리를 날았으며 목표지점으로부터 2.4킬로미터 떨어진 곳에 떨어졌다. 이 비행은 완전한 성공이었으며 A-4는 세계 최초의 유도탄도미사일이 되었다. A-4가 세운 기록은 이전에 독일 해군에 의해 설계되어 1918년에 파리를 폭격하기 위해서 처음 쓰였던 '파리스 건'(제1차 세계대전 때 독일 본토에서 포를 쏘아서 프랑스 파리 시내에 떨어뜨리기 위해 제작한 대포였으므로 '파리 대포'라는 의미에서 파리스 건이라는 이름이 붙었다)이라는 탄도 포탄이 기록한 세계 최고 고도 기록인 40킬로미터를 돌파했다.

잘못된 세상

A-4의 성공으로 히틀러는 베르너 폰 브라운의 로켓을 무기로 활용하려고 하였으며 실전에 사용할 수 있도록 생산할 것을 명령했다. 이 일은 거대한 사업이었기 때문에 작업은 천천히 진행되었다. 기술과 재정 문제, 그리고 재료 부족으로 작업은 더디게 진행되었다.

거대한 로켓을 성공적으로 만들어내기 위해서는 9만 개의 부품을 일일이 손으로 조립해야 했다. 히틀러는 이 복잡한 물건을 대량생산하도록 명령해 놓고는 무척 조급해 했다. 이 로켓은 최종적인 설계가 완성될 때까지 6만 번 이상 설계를 변경해야 했다. 로켓의 높이

거대한 로켓의 쌍둥이 엔진을 위로 쏘아 올리는 것을 보여 주는 실험

는 14미터이고 폭은 1.7미터, 무게는 13,000킬로그램이었다.

1944년 9월 8일, A-4를 V-2(독일어로 '복수 무기 2'라는 의미)로 이름을 고쳐 부르고 이동식 발사대에서 발사했다. 첫 번째 유도 미사일 탄두는 독일의 적인 영국으로 떨어졌다.

베르너 폰 브라운과 그의 팀이 미국에서 로켓을 만들기 시작한 후인 1946년, 뉴멕시코 화이트샌드에서 AV-2 로켓을 발사하고 있다.

이것은 그 당시까지 만들어진 적이 없는 가장 크고 가장 복잡한 로켓으로 이는 시작에 불과했다. 하르츠 산 속에 미텔베르크라 불리는 V-2 로켓들을 한 달에 600개 이상 생산하는 V-2 로켓 조립라인을 만들었다. 전쟁이 끝날 때까지 독일은 거의 6,000개의 폭탄을 실은 V-2 로켓들을 생산했다. 그것들 중 3,000개 이상이 영국, 프랑스, 벨기에 그리고 네덜란드에 떨어져 수천 명의 목숨을 앗아가는 결과를 낳았다. 첫 번째 V-2가 런던에 명중하자 베르너 폰 브라운은 다음과 같이 말하였다.

"로켓은 완벽했다. 잘못된 행성에 도착한 것만 제외하면……."

V-2가 명백하게 군사적 목적으로 쓰여 성공했음에도 불구하고 히틀러가 원했던 대로 전쟁의 흐름을 바꾸지는 못했고, 히틀러의 공포 통치도 패전과 함께 끝났다. 운 좋게도 우주로 로켓을 쏘아 올리겠다는 베르너 폰 브라운의 꿈은 죽지 않고 살아남았다.

적에서 동맹으로

1945년 봄, 제2차 세계대전은 끝이 난다. 연합군은 승리했으며 히틀러는 자살로 생을 마감했다. 베르너 폰 브라운과 그의 피네뮌데 동료들은 우호적인 조건으로 미국에 항복했다. 1945년 9월, 베르너와 그가 손수 뽑은 로켓 과학자 팀은 텍사스 주 포트 블리스에 있는 군사시설에 도착했다. 그곳에서 외부와 격리된 채 미국 정부의 통제를 받으면서 생활하기 시작했다. 그들이 할 일은 '헤르메스 프로젝트'라고 불렸는데, 독일로부터 압수한 360,000킬로그램에 달하는 V-2 로켓의 부품들을 조립하고 테스트하는 것이었다. 베르너와 그의 팀은 일을 하는 동안만 약간의 자유를 누렸을 뿐, 죄수 상태와 마찬가지였다. 급료도 낮았고 사기도 낮았다. 하지만 베르너 폰 브라운은 최선을 다해 일하자고 동료들을 설득했다. 비록 미래가 불투명하고 상황이 좋지 않았지만, 그들이 하고 있는 일은 여전히 우주 공간으로 나가는 로켓을 만드는 일과 관련이 있었기 때문이었다.

1945년과 1950년 사이에 베르너의 팀은 뉴멕시코 주의 화이트샌드 프루빙 기지에서 로켓 공학 기술을 발전시킬 목적으로 V-2 로켓들을 발사했다. 1946년 5월, 화이트샌드에서 발사된 두 번째 로켓은 커다란 화물 탑재칸을 싣고 있었는데 그 속에는 폭발물 대신 대기를 더 잘 이해하기 위한 장비들이 실려 있었다. 그날 세계에서 가장 높은 고도로 오른 로켓이 세계 최초로 우주를 탐사하기 시작한 셈이다. 그해 10월에는 V-2에 처음으로 영사기를 탑재하여 우주에서 본 지구의 모습을 흑백 필름으로 촬영했다. 그 필름 속에는 우주의 검은 배경 속에 있는 지구의 둥그런 곡선이 담겨 있었다. 그것은 진정한 과학의 승리였다. 역설적이게도 히틀러에게서는 파괴적이고 공포를 자아내던 물건이 이제는 우주탐사를 발전시키는 호기심의 기구로 변화된 것이다.

우주경쟁

1947년 베르너는 잠깐 시간을 내어 독일에 돌아가서는 사촌인 마리아 루이스 폰 퀸스트롭과 결혼했다. 그리고 1950년에는 자신의 새로운 가족과 함께 알라바마의 헌스빌로 이사해 자신의 팀과 합류했다. 그들은 레드스톤 알세날에 있는 군사탄도미사일연구소에서 일했다. 레드스톤에서 베르너는 레드스톤, 주피터, 주피터-C 로켓을 만드는 일을 했다.

1952년 베르너는 자신의 첫 번째 책 《화성 프로젝트》를 출간했다. 독일에서 처음 출판한 뒤 1953년에는 미국에서도 출판을 했다.

이 책에는 우주여행과 행성탐사를 위한 그의 계획이 상세하게 수록되어 있었다.

당시 로켓 개발에 박차를 가한 나라는 미국만이 아니었다. 미국 정부가 세계 최초로 인공위성을 발사하기 위해 모든 노력을 기울이는 동안, 1957년 10월 4일 소비에트 연맹이 최초로 인공위성을 발사했다. 소련의 세르게이 코로료브가 R-7 로켓을 개발하여 83킬로그램의 무게를 가진 야구공만한 크기의 인공위성을 궤도에 올려놓는 데 성공했던 것이다. 이 역사적인 인공위성의 이름은 스푸트니크Sputnik였다.

우주개발 분야에서 소련이 미국을 앞질렀다는 뉴스는 미국에게 엄청난 충격을 주었다. 이 일은 지금까지도 미국 우주개발 역사에서 커다란 수치로 남아 있다. 그런데 그로부터 한 달 뒤에 소련은 두 번째 인공위성인 스푸트니크 2호를 R-7 로켓에 탑재하여 쏘아 올렸다. 스푸트니크 2호는 무게가 508킬로그램이나 나가는 거대한 인공위성이었으며, 라이카라고 이름 붙인 개를 태우고 있었다. 라이카는 단 하루밖에 생존하지 못했는데, 그 이유는 라이카가 타고 있던 캡슐이 과열되었기 때문이었다. 인공위성을 개발하는 동안 엄청난 경제적 부담과 지구로 귀환하는 방법을 개발하지 못했다는 문제점이 있었지만, 소비에트 연맹은 인류 최초로 인공위성에 살아 있는 생물체를 태우고 로켓을 띄울 수 있는 기술을 선보임으로써 우주개발의 선두주자가 되는 영광을 안았다.

이러한 소련의 성공에 대해 미국 정부와 과학자들은 참담한 마음을 금할 수가 없었다. 아이젠하워 미국 대통령은 베르너가 실험하고 있던 레드스톤 로켓 대신 해군에서 개발 중인 '밴가드'라고 불리는 로켓 개발을 지시한다. 밴가드는 설계도상에만 있을 뿐 실제로 개발된 적이 없는 로켓이었다. 베르너는 크게 낙담하여 해군 로켓은 한 번도 시험되지 않은 것이기 때문에 실패한 것이라고 주장했다. 그리고 그의 우려는 곧 사실로 드러났다. 1.81킬로그램짜리 작은 인공위성을 실은 로켓 밴가드가 발사대에서 폭발하고 말았던 것이다. 자연스럽게 기회는 베르너의 레드스톤 팀에게 돌아왔다.

1958년 1월 31일 베르너의 팀은 미국 최초의 인공위성 '익스플로러 1호'를 주피터-C 로켓에 탑재하여 발사함으로써 우주 궤도에 올리는 데 성공했다. 하지만 같은 해에 달 사진을 찍을 목적으로 다시 파이오니아 1호부터 3호까지 쏘아 올렸지만 사진을 전송받는 데는 실패했다.

하지만 이들 인공위성을 통해 인류는 지구와 달 사이의 우주 공간에 대한 새로운 정보를 얻는 성과를 올릴 수 있었다. 이때 얻은 정보 가운데 하나가 밴앨런대에 관한 것이다. 밴앨런대는 지구를 둘러싸고 있는 강력한 방사능 벨트로, 매우 빠르게 운동하는 하전 입자들이 지구의 자기장에 갇혀 적도를 둘러싸고 있는 도넛 모양을 하고 있다.

1959년 3월 3일, 베르너 폰 브라운 팀은 달 탐사선 파이오니아 4호를 발사했다. 파이오니아 4호는 달을 벗어나는 바람에 달 탐사에는 실패했지만 태양 주위를 도는 첫 번째 우주선으로 기록된다.

1960년에는 파이오니아 5호를 발사하여 금성과 지구 사이의 우주 공간을 조사했다.

익스플로러 1호의 성공과 초기 파이오니아 탐사선의 부분적인 성공에도 불구하고 미국의 로켓 기술은 아직 소련에 뒤처져 있었다. 미국과 소련은 우주를 놓고 벌이는 경쟁에서 팽팽한 줄다리기를 했다.

1958년 미국 대통령 아이젠하워는 미항공우주국[NASA]을 창설하고 미국이 달에 사람을 보내 탐사하는 계획의 선두주자가 될 것이라고 공표했다. 이 목표를 이루기 위해 레드스톤 알세날 근처에 있는 알라바마 헌스빌에 마셜우주비행센터가 설립되었다.

1960년에 베르너 폰 브라운은 이 연구소의 첫 번째 책임자로 임명되었다. 베르너와 그의 팀은 군 소속으로 일하던 것을 그만두고 자신들의 장비를 마셜우주비행센터로 옮겼다. 그리고 이후부터 NASA에서 일하기 시작했다.

로켓에 대한 압박

1961년 4월 12일 소련은 최초로 우주로 사람을 보내는데 성공했다고 발표하여 다시 한 번 미국을 경악케 했다.

인류 최초의 우주인 가가린은 유인 우주선 보스토크 1호를 타고 302킬로미터 고도에서 1시간 48분 동안 시속 28,962킬로미터의 속도로 지구를 한 바퀴 도는 데 성공했다. 미국도 다음 달인 5월 5일 베르너가 개량한 레드스톤 로켓으로 우주 비행사 알란 셰퍼드를 대기 상층으로 올려 보내는 데 성공했다. 셰퍼드는 15분 동안 비행했다. 그는 우주 궤도에는 도달하지 못했기 때문에 보스토크 1호의 비행과 견주어 볼 때 빛이 바래기는 했지만 최초로 우주 공간으로 나간 미국인이 되었다.

1961년 5월 25일 존 F. 케네디 대통령은 우주경쟁에서 이기는 것이 국가의 우선 과제라고 선언하는 성명을 발표했다. 그 역사적인 한 문장은 다음과 같다.

> 나는 이 나라가 10년 안에 사람을 달에 착륙시키고 무사히 지

구로 귀환하도록 하는 목표를 완수할 수 있다고 믿습니다.

케네디 대통령의 이 몇 마디 말은 로켓 연구에 250억 불이라는 천문학적인 돈을 쏟게 만드는 계기가 되었으며, 베르너 폰 브라운의 우주여행과 행성 탐사를 향한 꿈은 현실을 향해 한 발자국 더 가까이 다가갔다. 그리고 곧 이어서 우주 계획이 탄생하게 된다.

그 동안의 우주경쟁에서 미국은 유인 우주선을 쏘아 올리고 우주인을 무사히 지구로 귀환하게 하는 것을 목표로 1958년에 수립된 머큐리 프로그램을 수행했고 또 1961년부터는 인류가 우주환경에서 적응할 수 있는 능력을 조사하고 발전시키는 것을 목표로 제미니 프로그램을 수행해왔다.

이제 도전은 보다 원대해졌다. 최초로 인간을 달에 착륙시키는 일은 달에 착륙하지 않고 단순히 달 주위를 도는 이전의 목표와는 전혀 다른 차원의 계획이었다. 버지니아 주 랭글리 연구센터의 우주 프로젝트 팀이 우주비행사가 탈 캡슐 설계 책임을 맡았고, 베르너 폰 브라운과 그의 팀원들은 달 탐사선과 외계로 나가는 데 필요한 모든 것을 실어 나를 수 있을 만큼 강력한 추진력을 가진 로켓 개발을 맡았다. 미 공군은 아틀라스 로켓을 보유하고 있었다.

아틀라스는 1962년 2월 20일 우주비행사 존 글렌을 지구궤도에 올려서 미국 우주인으로서는 처음으로 지구 주위를 완전히 돌게 한 로켓이다. 하지만 아틀라스 로켓은 우주**사령선**과 달착륙

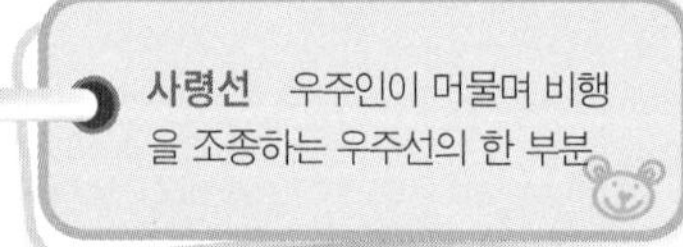
사령선 우주인이 머물며 비행을 조종하는 우주선의 한 부분

선을 실은 채 지구 중력을 벗어날 수 있을 만큼 충분한 추진력을 낼 수가 없었다. 때문에 새턴 로켓이나 슈퍼 부스터 계열의 로켓이 이 임무를 맡도록 선택되었다. 베르너 폰 브라운은 새턴 V 로켓 개발을 책임졌다. 새턴 V는 지금까지는 상상도 할 수 없을 만큼 강력한 추진력을 내는 로켓이었다.

파란 하늘 밖으로

첫 번째 새턴 로켓인 S-1은 1961년 10월 27일 플로리다 주 케이프 커내버럴에서 발사되었다. 케이프 커내버럴은 1963년 12월에 존 F. 케네디 우주센터라고 이름이 바뀐다. 새턴 S-1은 높이가 49미터, 최대 하중을 실었을 때 무게가 460톤이나 나가는 거대한 로켓이었다. 새턴 S-1은 8개의 클러스터(여러 개의 분사 장치를 갖춘 형태) 엔진을 갖추고 있었기 때문에 '최후의 클러스터'라는 별명을 갖고 있었다. 바깥의 4개는 유도장치용이었다. 로켓은 680톤의 추진력을 낼 수 있었다. 운반체의 구조와 공기역학적 구조를 검증하기 위한 시험발사는 완벽하게 성공이었다. S-1은 8분 동안 비행하여 고도 137킬로미터에 도달했고, 예정 비행경로를 따라서 344킬로미터 떨어진 대서양에 떨어졌다. 이제 인류는 푸른 하늘을 넘어서 어두운 우주로 행성 탐사를 떠날 수 있게 하는 최첨단 기술력을 마치 넝쿨처럼 확장해 나가게 된 것이다.

새턴 로켓의 설계 구조가 지닌 안정성은 증명되었다. 하지만 여러 가지 실험을 거치면서 기술자들은 더욱 큰 추진력이 필요하다는 사실을 알게 되었다. 사람을 달에 내려놓기 위해서는 약 6800톤의 추진력을 내는 엔진이 필요했던 것이다.

베르너와 그의 팀은 보다 강력한 로켓인 새턴 V를 개발하기 위한 작업에 박차를 가했다. 기존의 새턴 S-1 로켓에는 5개의 클러스터로 구성된 F-1 엔진이 장착되어 있었는데, 이것은 당시까지 만들어진 엔진 중에서 가장 큰 액체연료 로켓 엔진이었다. F-1 엔진은 초고속 연료펌프를 갖추고 있기 때문에 1초당 3톤이라는 놀랄 만한 비율로 액체산소와 등유연료를 공급할 수 있었다. 그리고 새로 개발된 F-2 엔진은 화씨 -424°(-253℃)의 온도에서 저장해야 하는 휘발성 강한 액체수소를 태우면서 엄청난 힘을 내게 된다. 감히 상상하기조차 힘든 강력한 추진력과 극저온의 차가운 액체수소가 만들어내는 폭발적인 힘은 인류를 달에 데려다 놓기에 충분한 것이었다.

새턴 V의 최종 설계는 높이 86미터와 직경 10미터로 결정되었다. 꼭대기에는 25미터 높이의 아폴로 사령선이 올려졌다. 새턴 V는 베르너가 처음 개발했던 로켓보다 훨씬 컸고, 미국인 물리학자 로버트 고다드에 의해 1926년에 발사된 최초의 액체연료 로켓보다도 훨씬 거대했다. 고다드에 의해 발사된 액체추진 로켓은 높이가 단지 3미터 정도밖에 되지 않았다.

새턴 V 로켓의 첫 시험발사는 1967년 11월 9일에 시행되었다. 엔진이 포효하는 소리는 귀청이 찢어질 정도인 120데시벨까지 올라갔다. 발사대가 있는 플로리다가 가라앉을지언정 로켓이 성공적으로 발사되는 데에는 아무런 문제가 없어 보였다. 비행은 성공적이었고, 각 단계의 실험 역시 성공적으로 이루어졌다. 모의로 만든 사령선은 지구 대기권에 재돌입한 후 바다에 떨어졌다. 목표 착륙지점으로부터 42킬로미터 떨어진 곳이었다.

성공의 절정

우주인을 실어 나르는 첫 비행은 아폴로 7호가 맡았고, 1968년 10월 11일에 새턴 1B 로켓에 실려 발사되었다. 승무원은 선장인 월터 M 쉬라, 사령선 조종사 돈 아이젤 그리고 달 착륙선 조종사 R. 월터 커닝햄, 이렇게 세 사람이었다. 비행은 10일하고도 20시간 동안 계속되었으며 지구를 163회 선회했다.

달을 겨냥한 첫 번째 비행은 아폴로 8호가 맡았으며 새턴 V 로켓에 의해 1968년 12월 21일에 발사되었다. 승무원은 선장 프랭크 보만, 사령선 조종사 제임스 A. 로벨, 그리고 달착륙선 조종사 윌리엄 A. 앤더스였다. 우주선은 크리스마스 전날인 1968년 12월 24일에 달 궤도에 진입했다. 이로써 아폴로 8호는 달 궤도를 선회한 첫 번째 유인 우주선이 되어 달 표면의 사진과 우주에서 본 지구의 사진을 처음으로 전송해 왔다. 잇달아 유인 우주선 아폴로 9호와 아폴로 10호를 성공적으로 우주 공간에 내보낸 미국항공우주국NASA은 마침내 달 착륙선을 보낼 준비를 마쳤다.

1969년 7월 16일 아폴로 11호가 새턴 V 로켓에 실려 이륙했다.

USA
USA

여기에는 선장 닐 A. 암스트롱, 사령선 조종사 미카엘 콜린스, 달 탐사선 조종사 에드윈 E. 올드린이 타고 있었다.

로켓은 케네디우주비행센터를 이륙했으며 그 과정을 베르너 폰 브라운과 다른 발사요원들은 약 5킬로미터 떨어진 발사조정센터에서 지켜보았다. 베르너에게는 그때가 45년 이상 진행해 온 연구의 절정을 이루는 순간이었다. 그의 꿈은 이제 실현되었다. 인류가 달로 가는 장도에 있다! 4일 후 닐 암스트롱의 유명한 말이 전해졌다.

"휴스턴, 여기는 고요의 바다 (…) 이글이 착륙했다."

그로부터 7시간 후 암스트롱은 지구 외의 다른 행성 천체에 발을 내디딘 최초의 인간이 되었다. 베르너는 그 순간이 이루어지도록 함께 애쓴 수백 명의 재능 있는 사람들 중에서도 핵심인물이었다. 그리고 그 순간은 베르너 폰 브라운이 평생 동안 꾸어 온 꿈이 실현되는 순간이기도 했다.

전망 있는 결말

1970년 아폴로 프로그램이 끝난 후, 베르너 폰 브라운은 가족과 함께 자신의 오랜 보금자리였던 헌스빌에 있는 집을 떠나서 워싱턴 D.C.로 이사했다. 워싱턴에서 베르너는 NASA 본부에서 전략계획부 행정관으로 일했다. 그는 닉슨 정부와 미국이 더 이상 화성 탐사를 향한 자신의 열정과 전망을 함께 공유하지 않는다는 사실을 깨달은 후에 이 같은 결정을 한 것이었다.

이후로도 베르너 폰 브라운은 NASA에 2년 이상 머물렀으나 1960년대에 우주 프로그램을 수행했을 때의 흥분은 1970년대로 이어지지 않았다. 1972년 그는 NASA에서 은퇴했고 페어차일드 회사의 개발과 공학 담당 부회장이 되었다. 이 회사는 메릴랜드 주 게르만 타운에 있는 사설 우주항공엔지니어링 회사였다. 베르너는 인류를 달로 보내는 자신의 꿈을 실현시켰지만, 이후로도 우주탐사 캠페인을 계속했다.

1974년에 베르너 폰 브라운은 국립우주연구소를 설립했다. 지금은 국립우주학회라 불리는 이 학회의 목적은 사람들이 우주에 살면서 일을 하는 날을 앞당기는 것이다. 베르너 폰 브라운은 케네디우주센터 발족식 등의 공식행사 등에 나타나 우주탐사에 관한 자신감을 피력해 사람들의 주목을 받았다.

베르너는 페어차일드 회사에서 일하기 시작한 몇 년 뒤 자신이 암에 걸렸다는 사실을 알았다. 수술을 받았지만 경과가 좋지 않았다. 건강이 나빠지기 시작한 베르너는 1976년 12월 31일 페어차일드 회사에서 은퇴했다.

1977년 베르너가 병원에 입원했을 때, 그는 페어차일드 회사의 회장 에드워드 G. 울로부터 메달을 받았다. 그 메달은 제럴드 R. 포드 대통령이 베르너에게 수여하는 것이었다. 그는 1977년 6월 16일 버지니아 주 알렉산드리아에서 향년 65세로 눈을 감았다.

베르너 폰 브라운은 세계에서 가장 강력한 로켓을 개발하는 총책임자였고, 그의 노력에 의해 인간은 지구를 떠나 달을 밟을 수 있었다. 새턴 로켓의 탄생은 세계 최초의 우주정거장인 스카이랩이 우주 궤도에 오를 수 있는 가능성을 열었다. 우주정거장은 1973년 5월 14일에 궤도에 올랐는데, 그날은 새턴 로켓이 지구의 하늘을 찢으며 오른 마지막 날이기도 했다.

베르너 폰 브라운은 일생을 통해서 과학에 공헌했으며, 미국이 우주개발에 나설 수 있도록 수많은 기여를 했다. 그를 기억하는 추도 행사에서 지미 카터 대통령은 다음과 같이 애도했다.

> 수많은 사람들에게 베르너 폰 브라운의 이름은 우주탐사 기술 창조라는 단어와 함께 영원히 기억될 것입니다. (…) 미국 국민뿐 아니라 세계의 모든 사람들이, 그가 이룩한 업적의 혜택을 누리게 되었습니다.

VfR(우주여행학회)

윌리 레이(1906~69), 맥스 배리어(1895~1930), 조안 윈더(1897~1947)는 독일의 브레스라우에서 1927년 7월 5일에 VfR 학회를 조직하였다. VfR의 목적은 헤르만 오베르트와 같은 사람이 우주여행을 위한 로켓 실험을 할 수 있도록 자금을 모아 주는 것이었다.

이 학회의 궁극적인 두 가지 목적은, 누구나 로켓을 타고 달과 행성을 탐사할 수 있도록 하는 것과 로켓 추진 개발을 하면서 여러 가지 실험을 하는 것이었다.

1929년에 VfR의 회원은 870명이었지만 나중에는 회원 수가 1,000명이 될 정도로 성장했다. 실험을 하기 위한 자금은 늘 부족했지만, 1930년 VfR은 독일의 로셀스하임에서 최초의 로켓 자동차를 발사하는 데 성공했다.

1932년에 VfR의 로켓은 약 5킬로미터 정도의 범위를 날아서 고도 1,524미터까지 도달할 수 있었다. 하지만 같은 로켓엔진을 사용하더라도 결과가 항상 일치하는 것은 아니었고 로켓은 불안정한 상태를 보였다. 같은 해에 독일 군대는 액체연료 로켓에 관심을 가졌으며 VfR의 작업성과에 주목했다. 특히 특별히 열정적인 회원인 베르너 폰 브라운에게 관심이 집중되었다. 1933년 아돌프 히틀러가 정권을 잡자, VfR은 재정상의 어려움을 이유로 해체되었으며, 나치의 강압으로 개인적인 로켓 실험은 제한을 받았다. 마지막까지 남아 있던 VfR의 회원들은 교통기술 진흥학회로 흡수되었다.

연 대 기

1912	3월 23일 프러시아의 비르지츠(지금의 폴란드 위르츠스크)에서 태어남
1928	에테르스버그 성에 있는 기숙학교에 입학 로켓과 우주비행에 대한 흥미를 갖게 됨
1930	베를린 공대에 들어가 액체연료 로켓 엔진 실험을 하기 시작함 사설 독일 로켓학회인 VfR(우주여행을 위한 학회)의 회원이 됨
1931	쥐를 이용하여 중력가속 효과에 대한 실험을 위해 원심분리기 설치
1932	베를린 공대에서 기계공학 분야의 학사 학위 취득 독일 육군에 고용되어 로켓 개발 연구 시작
1933	로켓 추진 연구를 위해 쿰메르스도르프에 있는 군사시설로 옮김 조종사 면허를 땀
1934	베를린 대학에서 물리학 박사 학위 취득 그리고 그의 첫 번째 성공적인 쿰메르스도르프 로켓을 발사하고 이것을 A-2라고 부름
1936~38	제트 보조 이륙(JATO, jet-assisted-take-off)이 인력 항공기에 효력이 있음이 입증됨. 루프트와페(독일 공군)에서 파트타임으로 일함

1937	자신의 팀과 함께 피네뮌데에서 군사기지로 이사함. 독일 육군의 로켓 시험 프로그램 기술 고문이 됨
1942	A-4를 성공적으로 발사하고 세계의 첫 조종 미사일을 쏘아 올림
1944	9월 8일, V-2라고 이름이 바뀐 A-4를 영국으로 발사함. 이 로켓은 탄두를 실은 첫 번째 유도 미사일이 됨
1945~50	제2차 세계대전이 끝나고 (동료와 함께) 미국에 투항함. 그와 그의 팀은 뉴멕시코 주에 있는 화이트샌드 프루빙 기지에서 독일로부터 미군이 압수한 V-2 로켓을 조립하고 시험하는 데 5년을 보내게 됨
1946	10월에 처음으로 영사기 카메라를 실은 로켓이 화이트샌드 프루빙 기지에서 발사되어 지구의 굴곡 필름 전송
1947	3월 1일, 독일의 바바리아에서 사촌 동생 마리아와 결혼
1950	알라바마 주 헌스빌로 이사하여 레드스톤 병기창의 군탄도미사일국에서 일함
1952	첫 번째 책인 《화성 프로젝트》가 독일 출판업자를 통하여 출판됨(우주여행과 행성탐사에 대한 계획을 서술하고 있음)
1955	미국 시민이 됨
1958	주피터-C 로켓이 미국의 첫 번째 인공위성인 익스플로러 1호를 실어서 궤도에 올림 아이젠하워 대통령이 미국항공우주국(NASA)을 알라바마 주 헌스빌에 설립함

1960	미국항공우주국(NASA)에서 새로 세운 마셜우주비행 센터의 첫 책임자가 됨 달로 인간을 보낼 우주선을 쏘아 올릴 새턴 V 로켓 설계의 책임을 맡음
1961	첫 번째 새턴 시험 로켓인 S-1이 플로리다 주 케이프 커내버럴에서 발사됨
1967	거대한 새턴 V 로켓의 첫 번째 시험 발사함
1968	새턴 1B에 의해 발사된 아폴로 7호 우주선이 미국 우주인을 우주로 실어 나르는 첫 번째 비행체가 됨. 새턴 V에 의해 발사된 아폴로 8호가 달 궤도를 도는 첫 번째 유인 비행체가 됨
1969	새턴 V에 의해 발사된 아폴로 11호가 달에 사람을 착륙시키는 아폴로 계획을 성공적으로 수행함
1970	NASA 본부의 부행정관으로 일하기 위해 워싱턴 D.C.로 이사함
1972	NASA를 은퇴하고 메릴랜드 주 독일인 마을에 있는 페어차일드 회사에서 개발과 공학 부회장이 됨
1973	새턴 V 로켓에 실려 우주정거장 스카이랩이 발사됨. 이후로 더 이상의 새턴 V 로켓을 만들지 않음
1974	국립우주연구소를 설립함
1976	암에 걸려 은퇴
1977	6월 16일 버지니아의 알렉산드리아에서 생을 마침

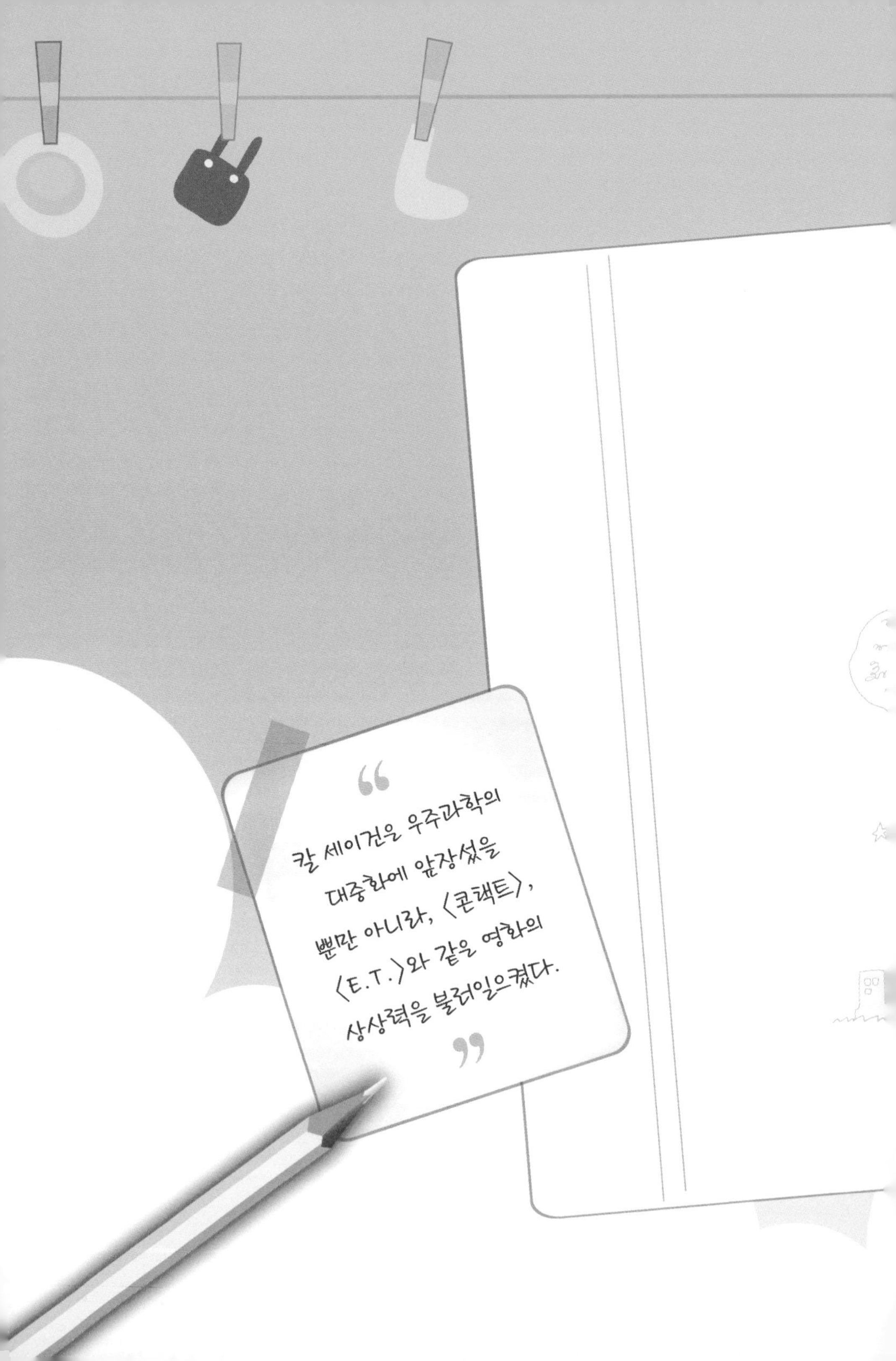
칼 세이건은 우주과학의
대중화에 앞장섰을
뿐만 아니라, 〈콘택트〉,
〈E.T.〉와 같은 영화의
상상력을 불러일으켰다.

Chapter 9

외계 생물체에 대한 상상력을 불러일으킨,

칼 세이건

우주생물학

칼 세이건은 미국의 이름난 천문학자이다. 그는 과학, 특히 천문학과 지구 바깥의 생명을 찾는 연구에 있어서 세계에서 가장 유명하고 대중적인 과학자로 손꼽힌다. 또한 열정을 가진 현대적 자유사상가로도 불린다. 그는 자신의 전문적인 식견에 대한 날카로운 비평을 무시하고 일관된 과학적 주제를 가지고 지구 밖의 대기권에 존재할 수 있는 생명에 대해 소개했다. 인공지능을 가진 우주탐사선으로 무수히 많은 생명체를 찾는 과학적 실험에 큰 역할을 했으며 TV라는 대중매체를 이용하여 과학의 대중화를 위한 전 지구적인 캠페인을 벌이기도 했다. 이를 통해 다른 천문학자들이 해낼 수 없었던 일, 즉 천문학에 대한 대중적 이해를 이끌어내어 전 세계 많은 사람들의 시선이 우주로 향하게 만들었다.

I LOVE YOU

브루클린에서 태어나다

칼 세이건은 1934년 11월 9일 뉴욕 브루클린에서 태어났다. 공교롭게도 칼이 태어나는 동안 '최후의 심판일'이라는 종교 행사가 치러지고 있었다.

러시아인이었던 그의 아버지 사무엘 세이건은 칼이 다섯 살일 때 미국으로 이민 와서 의류 공장에서 일했다. 어머니 라헬은 유럽계 미국인이었다. 칼이 자라는 동안 어느 누구도 이 소년이 20세기 세계에서 가장 유명한 천문학자가 되리라는 것을 알지 못했다.

1939년, 칼은 다섯 살 때 보모를 따라 '미래'를 주제로 한 뉴욕 세계박람회에 갔다. 그곳에 오랫동안 머물지는 못했지만 어린 칼은 그날 보았던 것들이 오래도록 머릿속에서 떠나지 않았다. 그리고 그날의 행사에서 받은 영향으로 과학이라는 과목에 관심을 갖게 되었으며, 과학에 대한 열정으로 끊임없이 별과 행성에 대한 환상적인 생각을 품을 수 있었다.

칼은 여덟 살 때 에드거 라이스 부로우가 쓴 책《화성 공주A Princess

of Mars》(1912)를 접했다. 그 책은 정보화된 화성에서 완전히 새로운 세상을 여는 영웅에 대한 이야기를 담고 있었다. 어렸던 칼은 순진하게도 이 책의 내용을 그대로 믿었다. 하지만 아홉 살이 되었을 때 부로우의 이야기 속에 담겨 있는 과학에 대해서 의문을 갖기 시작했다. 칼은 궁금한 과학적 의문을 풀기를 원했다. 또 지구뿐 아니라 다른 어느 장소에도 생명체가 존재하리라는 막연한 생각을 했다. 하지만 어린 시절 품은 이 생각은 칼 세이건이 일생 동안 지구 밖 외계 생명체를 찾는 과학적인 연구에 몰두하는 집념의 불꽃을 태우게 되었다.

생계는 어떻게 꾸려 나갈래?

윌리엄 파운드 스톤이 쓴 《칼 세이건: 우주 안의 생명》이란 책을 보면, 칼이 천문학자가 되기를 원한다고 밝히자 그의 할아버지는 "좋다. 그러나 생계는 어떻게 꾸려 나갈 거니?"라고 말했다고 한다. 1940년대의 보통 사람들은 천문학이 생계를 이어 가기에는 도움이 되지 않는 학문이라고 생각했다. 과학이라는 울타리 밖에 있는 사람들도 천문학자의 생활에 대해서 대부분 알고 있었기 때문에 천문학자라는 직업으로는 궁핍한 생활을 면할 수 없다고 여겼던 것이다. 그러나 칼의 희망은, 생계를 이어 가기 위해 따분한 일을 하는 동안에도 다만 몇 시간만이라도 별을 쳐다보며 공상에 잠길 수 있는 것이었다.

1948년, 칼의 아버지는 뉴저지에서 새 코트 공장을 경영하기 위해 영업과 판매촉진에 관한 훈련을 받고 있었다. 당시 칼의 선생님은 칼의 재능을 인정하고 있었다. 선생님은 칼이 사립학교에 가 높은 수준의 교육을 받을 수 있도록 칼의 아버지를 설득했다. 하지만 아버지는 칼의 뛰어난 성적에도 불구하고 공립학교에 진학시켰다.

뉴저지로 이사한 후 칼은 라웨이 고등학교라는 공립학교에 다녔다. 훗날 칼의 회고에 따르면, 그 학교에서의 생활은 과학에 관한한 시간낭비를 한 곳이었다고 한다.

칼이 2학년이 되었을 때 생물 선생님이 칼에게 천문학자인 자신의 할아버지에 대한 이야기를 들려주었다. 칼은 이를 통해 천문학을 공부하면서도 충분히 생계를 꾸려 나갈 수 있다는 자신감을 갖게 되었다. 자신이 원하는 방향으로 인생을 이끌어 나가겠다고 결심한 칼은 여러 명의 천문학자에게 편지를 보냈다. 칼의 꿈은 어머니처럼 피아니스트가 되는 것도, 아버지처럼 코트 공장에서 승진하는 것도 아니었다. 그가 누린 최고의 기쁨은, 천문학이 매우 전문적인 지식을 필요로 하는 학문이며 앞으로 무한한 가능성이 열려 있다고 답장한 천문학자들의 편지였다.

완전한 행복

1951년 천문학자가 되겠다는 꿈을 안고 칼 세이건은 시카고 대학에 등록했다. 그는 고등학교 시절부터 수재로 소문이 자자했기 때문에 열일곱 살의 어린 나이에 대학에 들어갈 수 있었다. 뿐만 아니라 대학에서는 우수한 과학교육 전문가를 붙여 주었다. 칼은 자신의 운명을 스스로 개척하고, 가장 행복한 삶을 가꿀 권리가 있음을 분명하게 인식했다. 만약 칼이 부모님이나 다른 사람의 기대에 부응하기 위한 삶을 살았다면 결코 완전한 행복을 누리지 못했을 것이다.

이듬해부터 몇 년 동안 칼은 바쁜 일상 속에서 삶의 경험을 축적해 나갔다. 천문학 공부를 하는 틈틈이 과학 픽션 클럽에 가입하여 활동하기도 했고, 야구도 즐겼다. 하지만 그가 천문학 외에 가장 관심을 보인 분야는 교육학이었다. 칼의 호기심과 지적 욕구에는 경계가 없었다. 천문학뿐 아니라 우주학, 생물학, 물리학에 대해서도 깊이 있는 지식을 쌓았다. 그가 공부한 여러 가지 학문 가운데 가장 관심을 가졌던 분야는 생명의 기원과 외계의 생명이 존재할 수 있는 가능성에 대한 것이었다.

대학에 다니는 동안 칼은 사회의 상류층과 교류하면서 명성을 얻어 갔다. 그는 건전한 경쟁심을 갖춘 열정적이고도 지적인 젊은이였다. 학문과 연구에 임하는 칼 세이건의 태도와 자세는 많은 사람들에게 깊은 감명을 주었다.

과학의 새로운 분야

칼 세이건이 비록 이상주의자이기는 했지만 그는 항상 환상 너머에 있는 사실에 흥미를 두고 있었다. 그리고 칼의 재능과 이상은 그가 미국의 유전학자 헤르만 뮐러의 지지와 우정을 얻게 만들었다. 헤르만 뮐러는 1946년 X-레이로 인해 생기는 돌연변이의 생성에 대한 연구로 노벨 생리학상을 받은 과학자였다. 세이건은 1952년과 1953년 사이 뮐러의 실험실에서 유전자 과일을 키우고 분류하는 실험을 했다. 그는 뮐러와 지구 외의 대기권에서 존재할 수 있는 생명의 가능성에 대해 많은 토론을 했다. 파운드 스톤이 쓴 《칼 세이건: 우주 안의 생명》에서 세이건은 다음과 같이 말했다.

"뮐러를 만나지 않았다면 보편적이고 평범한 생각에 무게를 두어 아무 소용이 없는 과제에 시간을 빼앗겼을 것이다."

헤르만 뮐러는 칼 세이건을 미국의 화학자이자 노벨상의 영광을 안은 헤럴드 클레이톤과 중수소 발견으로 노벨 화학상을 받은 스튜어트 뮐러에게 소개하였다. 특히 스튜어트 뮐러는 행성화학과 생명의 기원 사이의 관계에 깊은 관심을 갖고 있었다. 그의 연구는 뮐러-유레이 실험 결과를 가져 왔다. 이 실험은 인류가 무리를 지어 살기 시작하던 선사시대의 지구에 관한 것이었다. 칼은 이 실험의 결과에 많은 영향을 끼쳤다.

그리고 이 실험의 결과를 통해 지구 외의 다른 세계에도 생명이 탄생하여 진화할 가능성이 있다는 근거를 찾아내면서 **우주생물학**이라는 새로운 학문 분야가 발전하게 되었다.

우주생물학 지구 바깥의 생명체를 찾는 것을 다루는 과학의 한 분야

1954년 뮐러-유레이 실험을 근거로 칼 세이건은 생명의 기원 이론에 대해 글을 썼고, 1955년 물리학 학사 학위를 받았다. 이듬해에 세이건은 물리학 석사 학위를 받았다.

대학원에 진학한 세이건은 드디어 자신의 전공을 천문학으로 선

택했다. 천문학자가 된다는 사실을 피부로 느끼기 위해 그는 1956년 여름 텍사스 포트 데이비스에 있는 맥도날드연구소에서 208센티미터 망원경으로 화성을 실제로 관측했다. 하지만 작고 퇴색하여 햇볕에 그을린 점처럼 보이는 화성의 모습은 실망스러웠다.

당시 과학자들은 화성에서 발견되는 '어두운 밴드The Dark Bands'가 계절에 따라 모양과 크기가 달라지는 것을 보고 그것이 식물일 것이라고 추정했다. 적외선으로 그것을 관찰한 칼 세이건은 화성의 어두운 밴드가 유기적 혼합물에 의해 생겨난 것과 비슷하다고 보았다. 윌리엄 M. 신톤은 그 특징을 일러 '신톤 밴드'라고 부르기도 했다. 칼 세이건 역시 1960년대에 시작된 마리너 계획의 성공으로 화성에는 식물이 존재하지 않는다는 실망스러운 사실을 확인할 때까지 이러한 생각을 버리지 못하고 매달렸다.

외계 생명을 찾아서

1956년 칼 세이건은 시카고 대학의 젊은 생물학자 린 알렉산더를 만나 이듬해에 결혼식을 올렸다.

1957년, 세이건 부부는 위스콘신 주 메디슨으로 이사한 뒤 미국의 유전학자 조슈아 레더버그를 만나게 된다. 이후 조슈아 레더버그는 유전자를 재결합하고, 박테리아의 유전자 유기체를 발견한 업적으로 1958년에 노벨 생리학상을 공동 수상했다. 레더버그 역시 세이건처럼 미래과학과 우주생물학의 중요성을 인식하고 있었기 때문에 두 사람은 급속도로 친해졌다.

한편 미국은 러시아가 세계 최초의 인공위성 스푸트니크를 지구 궤도로 쏘아 올리자 로켓 공학과 우주탐사에 갑자기 열을 올리기 시작한다. 이 일은 미국 우주과학자들의 의욕을 불타오르게 만들었으며, 최초로 인류를 우주로 보내는 데 성공하는 원동력이 되었다. 스푸트니크에 대한 미국의 정치적 경쟁으로 시작된 아폴로 프로그램 완수를 위해 정부는 재능 있는 인재 발굴에 나섰다.

1959년 레더버그는 세이건을 NASA에 추천했다. 레더버그는 당시 우주과학위원회 위원장을 맡고 있었다. 그는 우주생물학 분야의 책임자를 물색하던 중 절친한 칼 세이건에게 그 일을 맡겼던 것이다. 당시에 세이건은 천문학 박사 학위를 받기 전이었음에도 NASA의 우주 프로그램에서 우주생물학에 관한 중책을 맡았다. 이 우주 프로그램은 생명의 기원을 찾기 위한 한 방편으로 달 탐사를 기획하고 있었다. 칼 세이건이 천문학과 천체물리학 분야에서 박사 학위를 받은 것은 1960년 6월이었다.

칼 세이건은 1961년 CBS 뉴스 프로그램을 통해 첫 전파를 탔다. 이 방송은 58분짜리 특집방송으로, '우주 속에서 인류의 존재 의미는 무엇인가?'라는 주제를 갖고 진행되었다. 이 다큐멘터리는 미국의 우주 프로그램과 인류가 우주 공간에 쏘아 올린 인공위성 등 우주개발과 관련한 문제들을 다루었다. 출연자들은 우주 공간에서 우주인은 건강 문제를 어떻게 해결해야 하는지, 달에 관련한 잘못된 지식, 로켓이 달에 도착하는 데 필요한 것, 화성에 생물체가 존재할 가능성 등에 대해서 이야기를 나누었다. 이날 방송의 초대 손님으로는 우주비행사 존 글렌과 레더버그가 참석했다.

1962년 세이건은 하버드 대학에서 천문학 조교수직과 스미소니언 천체물리연구소의 천체물리학 연구원 자리를 제안 받았다. 다행히 하버드와 천체물리연구소는 모두 매사추세츠 주 케임브리지에 있었다. 칼 세이건은 이 두 가지 제의를 받아들이고 어릴 적부터 꿈꾸어 온 천문학자의 길을 본격적으로 걷기 시작했다. 물론 우주생물학에 대한 열정 역시 조금도 식지 않았다.

1965년 화성 탐사선 마리너 4호가 스물한 장의 화성 사진을 보내왔다. 사진 속에서 생명체의 흔적이라고는 조금도 찾아볼 수가 없었다. 그리고 마리너 4호가 보내 온 자료들을 분석해 본 결과, 화성의 대기압이 6밀리바(mb)도 되지 않는다는 사실이 밝혀졌다. 실제로 지구의 대기압은 1,000밀리바 정도다. 화성의 대기압에서는 액체가 존재할 가능성이 희박했다. 이렇게 낮은 압력에서 수분은 증발하거나 얼어 버리게 된다. 즉 대기압이 낮으면 물은 액체 상태로 존재하기 어렵다. 따라서 어떤 종류의 생명체도 살아갈 가능성이 없었다. 또한 화성은 건조하고 황폐했으며, 대기의 대부분이 이산화탄소로 구성되어 있는 '죽은 땅'이었다.

NASA는 이 결과에 크게 실망했다. 화성 탐사에 큰 기대를 걸고 있던 미국 국민들의 실망도 컸다. 국민들은 화성 탐사에 돈을 쓰는 것이 낭비라고 생각하기 시작했고 화성에서 생명체를 발견하게 될지도 모른다는 기대는 물론 행성 탐사에 대한 기대 역시 식고 말았다.

하지만 칼 세이건은 포기하지 않았다. 그로서는 이제 시작에 불과했다. 화성에 생명체가 없다고 하더라도 과거에 생명이 존재했다는 증거를 발견할 수 있을지도 모르는 일이었다. 게다가 우주는 인간의 상상력이 미치지 못할 만큼 광대한 곳이었다. 외계 생명이 존재한다는 증거를 찾기 위한 세이건의 호기심은 화성에서 머물지 않았다. 그는 오직 지구만이 생명체를 품을 수 있는 우주의 유일한 행성이라는 주장을 납득할 수 없다고 반박하며 논쟁을 펼쳤다.

> 저 너머에 분명 생명체가 있다. 아마 지적 생명체도 있을 것이다. 다만 그들과 접속하는 수단을 찾는 것이 문제일 뿐이다.

태양계 너머로 접속

다음해 세이건은 조나단 노턴 레오느르도와 함께 자신의 첫 공상과학소설인 《행성Planets》(1966)을 출간했다. 세이건은 이 책에서 매우 기발하게 목성에 존재하는 가상의 생명체에 대해 기술하고 있다. 하지만 그가 과학적 사실에 바탕을 두지 않고 공상으로 만들어낸 내용에 대해 동료 과학자들은 냉담한 반응을 보였다.

1971년, 세이건은 하버드를 떠나 뉴욕 이타카에 있는 코넬 대학에서 종신 천문학 교수직을 맡았다. 같은 해에 세이건은 화성 탐사선 마리너 계획에 관한 일로 캘리포니아 주 파사데나에 있는 NASA

의 제트 추진 실험실을 방문했다. 그때 프리랜서 작가인 에릭 버거스, 리처드 호아그랜드와 함께 1972년 3월에 발사할 예정인 파이오니아 10호에 외계 생명체에게 보내는 메시지를 싣자는 아이디어를 논의했다.

파이오니아 10호는 일단 목성을 탐사하고 나면 임무가 끝난 뒤에도 태양계 바깥 쪽으로 계속해서 나아가게 된다. 때문에 파이오니아 10호는 지구의 과학자들에게 알려진 행성이 있는 범위를 넘어서서 정해진 궤도 없이 먼 우주로 끝없이 계속 항해할 것이다. 파이오니아 10호는 20년 이상 움직일 수 있었다. 파이오니아 10호는 방사성동위원소 열전 발전기(RGT)로부터 동력을 얻기 때문이었다. RGT는 플루토늄의 붕괴로부터 전기를 얻는다. 태양으로부터 계속

해서 에너지를 얻기 때문에 사실 파이오니아 10호의 여행이 언제 끝나게 될지는 아무도 알 수 없었다. 얼마나 긴 시간 동안 우주를 항해할지 모르므로 언젠가는 우주 저 너머에서 어떤 존재와 조우할지도 모르는 일이었다.

칼 세이건은 파이오니아 10호가 우주를 항해하다가 만나게 될지도 모를 어떤 지적인 생명체에게 메시지를 전할 수 있는 아주 좋은 기회라고 생각했다. 세이건의 이 엉뚱하고 기발한 아이디어에 NASA는 놀랍게도 손쉽게 동의했다.

이제 칼 세이건이 할 일은 메시지를 담을 기구를 어떻게 디자인하는가 하는 것이었다. 이 일은 1968년에 세이건과 재혼한 두 번째 부인 린다 살즈만이 맡아서 작업했다.

이후로 세이건은 우주의 지적 생명체에게 메시지를 보내는 프로젝트를 도맡아서 했다. 파이오니아 11호와 보이저 1호, 보이저 2호에도 세이건이 디자인한 메시지가 실려 있었다. 특히 1977년에 쏘아 올린 보이저 호에는 금을 입힌 구리판을 실었다. 이 구리판에는 파이오니아 호에 실은 것보다 훨씬 많은 정보가 담겨 있었다. 2시간짜리 이 레코드에는 사진과 음악, 자연의 소리, 인간의 55가지 언어로 하는 인사말, 그 외에 여러 가지 지구에 대한 정보가 실려 있었다. 이때 실린 정보와 메시지는 〈지구의 속삭임〉이라는 음반으로 발매되기도 했다.

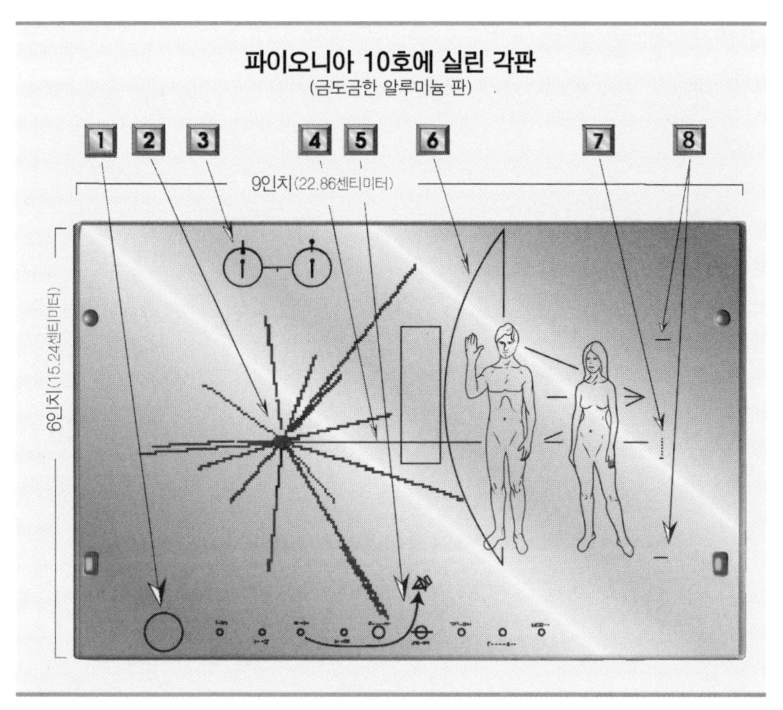

1) 태양과 아홉 개의 행성, 즉 우리의 태양계를 가리킨다.
2) 방사상 모양은 태양계의 위치와 우리은하계 내에 어떤 펄스로부터 떨어져 있는 거리를 가리킨다.
3) 8.27인치(21센티미터)의 전자파는 빼고 수소원자 안에 전자의 핀을 방사하는 설명이다.
4) 직선은 태양부터 은하계 중앙까지의 거리를 가리킨다.
5) 파이오니아 우주선의 곡선은 태양의 세 번째 행성으로부터 지구를 떠나는 모습을 보여 준다.
6) 파이오니아 우주선의 흑색반면영상(그림자)
7) 쌍으로 된 복코드에서의 수직선과 수평선은 숫자 8을 의미한다.
8) 여성의 키를 보여 주는 막대는 우주선과 비교된다. 8.27인치의 측정 형식을 이용하여 두 쌍의 숫자 8은 복합적이다. 여자의 키는 5피트 5인치(1.65미터)로 결정된다.

우주과학의 챔피언

칼 세이건은 1973년 조니 칼슨이 진행하는 토크쇼 〈투나잇 쇼〉

의 말미에 5분 동안 출연하는데, 이것이 그의 첫 번째 TV 방송 출연이었다. 그는 자연스럽고 편안한 자세로 사람들이 알고 싶어 하는 우주 이야기를 알기 쉽게 전달해 주었고, 청중들은 그의 설명에 매료되었다. 칼 세이건이 시청자들로부터 인기를 끌자 조지 칼슨은 3주 뒤 다시 그를 출연시켰다. 1973년에 《우주로의 접속The Cosmic Connection》이란 책을 출간한 적이 있는 한 출판업자 역시 이 방송을 보고 칼 세이건의 매력에 반했다.

〈투나잇 쇼〉에 출연한 경험을 통해서 칼 세이건은 과학을 대중화하고 교육하는 데 텔레비전이 무척 가치 있는 도구라는 생각을 하게 되었다. 세이건의 동료 과학자들은 우주생물학에 대해 냉소적인 태도를 취했지만, 대중들은 열린 마음으로 받아들였다. 사회적으로 과학이라는 학문이 많은 지지를 얻지 못하던 시대에 과학의 대중화에 앞장서기로 한 세이건은 텔레비전이 과학의 대중화에 중요한 역할을 할 수 있을 것이라고 생각했고 우주생물학에 대한 소신을 버리지 않고 꾸준하게 밀고 나아갔다.

칼 세이건은 다른 과학자들이 보이는 냉소적이고 보수적인 견해에는 그다지 개의치 않았다. 그는 여러 대중매체를 통해 대중과 과학에 대한 생각을 나누었고, 이 일은 곧 성공적이었다. 과학에 대해서 그다지 관심이 없던 대중들이 과학이 선사하는 탐험과 호기심을 즐길 수 있도록 했으며, 이 세상에 대해 아무런 질문을 품지 않았던 사람들에게는 사물에 대한 의문을 갖도록 이끌었다. 그리고 새로운 지식을 찾고 증명하는 탐구적인 자세를 갖도록 유도했다.

1978년 아내 린다 살즈만과 이혼에 합의한 일 년 후, 세이건은 더욱 자주 텔레비전에 출연해 과학적 명성을 얻게 되었다. 사람들은 그를 사랑했고, 그는 대중을 사랑했다.

세이건이 진행한 13부작의 야심찬 우주기획물인 〈코스모스Cosmos〉가 PBS에 의해 기획되었다. PBS는 공공방송망인 미국의 전국 네트워크이다. 미국의 공공방송은 상업방송이 가지는 결점을 보완해 주고 방송의 다원화를 이룩하려는 제도적 장치에 의해 태어났다. 1967년 공공방송법이 제정됨에 따라 1968년 공공방송공사Corporation for Public Broadcasting가 설립되었고 1969년 11월 그 산하의 자매 기구로 공공방송 전국 네트워크인 PBS가 생겨났다. PBS는 미국 내 공공 텔레비전 방송국을 회원으로 하는 비영리 사단법인이다.

이 무렵 세이건은 앤 드레얀을 만났다. 그녀는 세이건의 세 번째 아내이자 여생의 동반자가 되었다. 앤 드레얀은 세이건과 함께 저술한 《혜성》(1985)과 《잊혀진 선조의 그림자》(1992)에서부터 시작하여 칼 세이건의 가치를 더해 준 텔레비전 시리즈 〈코스모스〉에 이르기까지 세이건이 진행한 거의 모든 사업에 동참한다.

대중 스타 칼 세이건

〈코스모스〉의 성공은 세이건을 스타로 만들었다. 1970년대 말에 칼 세이건이라는 이름은 천문학의 인기 주제와 지구 너머 생명에 대한 잠재적 흥분과 동의어였다. 텔레비전 시리즈와 병행하여 세이건은 《코스모스》라는 같은 제목의 책을 1980년에 출간했다. 이 책은 대성공을 거두었고 〈뉴욕 타임스〉의 비소설 부문에서 1년 이상 베스트셀러를 차지했다. 이로써 1980년대 초에 칼 세이건은 세상에서 가장 유명한 천문학자가 되었다.

그는 1980년 10월 10일자 〈타임〉지에 '과학의 쇼맨'이란 제목과 함께 겉표지를 장식한다. 그보다 한 달 전에는 천문잡지 〈하늘과 망원경〉의 표지에 우주를 담은 사진과 함께 '칼 세이건의 우주로의 항해'라는 제목으로 실렸다. 그러나 몇몇 동료들은 그를 비평하고 그의 대중적인 성공에 흠집을 냈다. 또 많은 사람들이 그의 대중적 성공을 질투하고 끊임없이 경멸하는 자세를 취했다. 그러나 세이건은 이런 험담을 무시하고 자신의 과학적 목표를 향해 나아갔다.

1983년에는 급성 충수염과 합병증으로 거의 목숨을 잃을 뻔했음에도 불구하고 그는 외계문명 탐사[SETI] 프로그램의 핵심적인 존재가 되었다. SETI 프로그램이 최초로 우주의 소리를 찾았을 때 이 프로그램을 지휘한 사람은 프랭크 드레이크로, 전파 망원경으로 천체를 관측했던 세이건의 친구였다. 그 당시 SETI 프로그램은 매우 미약했고 조성된 자금도 적었지만 운 좋게도 행성학회의 재정적 지원을 받을 수 있었다. 행성학회는 정부의 지원금에 의존하지 않고 다만 회원들의 기부와, 여타 기업과 단체의 재정적 지원을 받았다. 대기권 밖에 존재할지도 모르는 생명을 찾고 태양계 탐사를 돕기 위한 목적으로 세워진 행성학회는 할리우드의 유명한 감독 스티븐 스필버그의 지원에 크게 기대기도 했다.

세이건의 삶에 있어서 주목할 만한 것으로는 1985년 펴낸 책《접속Contact》을 들 수 있다. 이 책은 과학자들로 구성된 연구팀이 겪는 소설적 모험에 대한 내용을 담고 있는데, 여러 해 동안 우주를 관찰하던 천문학자들이 외계로부터 메시지를 수신하는 것으로 이야기가 시작된다. 이 책에 나오는 연구팀은 현대의 문명으로도 만들어낼 수 없는 우주선을 통해 메시지의 근원에 접속하기를 시도해 놀라운 결과를 얻는다. 이 책은《코스모스》만큼 성공하지는 못했지만, 로버트 저멕키스가 감독하고 조디 포스터가 주연한 할리우드 영화로 만들어져 1997년 대중들에게 선을 보였다. 하지만 아쉽게도 칼 세이건은 이 영화의 완성을 보지 못하고 생을 마감했다.

1994년 어느 날, 앤 드레얀은 그의 팔에 생긴 타박상의 위험을 경고했지만, 그는 치료받지 않았다. 시간이 지난 뒤 병원에 갔을 때는 혈류가 막히고 골수에 염증이 생겼다는 진단을 받아 골수 이식을 받아야 했다. 1995년 3월 시애틀의 허치슨 암센터에 입원한 세이건은 여동생 캐럴로부터 골수를 이식받았다. 60살의 세이건은 골수 이식 환자 중에 가장 나이가 많은 사람으로 기록되었다.

1995년 8월, 세이건은 여러 차례 강연하고 심포지엄에도 참석하며 왕성하게 활동했지만 그해 12월, 영화 〈접속〉의 제작이 진행될 무렵 의사로부터 병이 재발했다는 진단을 받게 되었다. 그는 화학요법치료를 받기 시작했고 캐럴에게서 다시 골수를 이식받았다.

세이건은 두 번째 수술을 받은 뒤 자신의 마지막 책인《악령과 유령이 나오는 세계》를 펴냈다. 이 책은 사실적 과학과 예술적 과학

캘리포니아 주 산베르나르디노에 있는 골드스톤 심우주통신단지에 위치해 있는 안테나.

사이의 차이에 초점을 맞춘 것으로 출간되자마자 평단의 호평을 받았다. 그리고 사후에 출간된 《10억과 10억》에는 세이건의 삶에 대한 생각과 밀레니엄을 맞이하는 시대에 생각하는 죽음에 대한 단상, 화성의 삶, 지구의 따뜻함, 체스에 대한 생각, 골수암과의 싸움 등에 관한 이야기가 수록되어 있다.

칼 세이건은 1996년 12월 20일 찬란한 삶을 마감했다.

세이건의 유산

우주, 천문과 관련된 모든 것에는 항상 칼 세이건이 있었다. 칼 세이건은 행성탐사 영역과 우주에서의 삶, 과학 교육, 과학의 대중정책에 대한 정부와의 관계, 환경문제 등 여러 가지 영역에 열정적으로 몰두했다.

재능이 넘치는 사람이었던 그는 1978년 인간지능의 진화에 대한 고찰에 대해 쓴 〈에덴의 용〉이라는 글로 문학 부문에서 퓰리처상을 받기도 했다. 600편이 넘는 과학논문과 20권의 문학 서적을 집필했으며, 그의 이러한 노력은 모두 우주과학의 대중화라는 그의 신념과 맞닿아 있었다.

그가 남긴 책들에는 화성 탐사선 파이오니아, 바이킹, 보이저, 갈리코와 우주 프로그램에 대한 이야기들이 담겨 있으며, 1960년과 1990년 사이에 다른 행성을 탐사했던 인류의 모험담이 고스란히 담겨 있다.

미국 대학들은 칼 세이건에게 과학과 문학, 교육에 대한 공로를 인정하여 20개 이상의 메달과 상을 수여했다. 그는 대중에게 사랑받은 스타이자 동시에 최고의 자리에 오른 학자이기도 했다.

칼 세이건이 누린 성공과 영예는, 그의 야망과 열정, 학식 그리고 미국 내에서 일기 시작했던 우주 프로그램에 대한 대중적인 관심이 복합적으로 작용한 덕분이었다. 그러나 대중과의 의사소통에 있어서 비범한 재능을 갖추었고, 전문가의 탁월한 안목이 있었기에 그는 진정으로 과학이라는 매개를 통해 대중과 소통할 수 있었다.

인류의 상상력을 자극하는 칼 세이건의 저서와 과학지식은 앞으로 다가올 세대와 이 세계에 계속해서 영향을 미칠 것이다. 칼 세이건은 많은 사람들의 상상력에 불을 지폈으며, 우주에 대한 대중의 관심에 불을 댕긴 위대한 과학자였다.

화성의 어두운 밴드

1964년 11월 28일 NASA에서 화성 탐사선 마리너Mariner 4호를 발사했다. 이 시도로 화성 가까이 다가간 우주선에 의해 보다 정확한 정보를 얻을 수 있게 되었다. 당시 대부분의 과학자와 대중들은 화성 표면에 나타난 어두운 부분을 식물이 존재할 수 있는 증거라고 믿었다. 그러나 화성 탐사선 마리너 4호가 보내 온 화면과 정보에 의하면, 화성은 달 표면처럼 건조하고 분화구가 있지만 식물이 존재할 수 있는 증거는 찾아볼 수가 없었다. 하지만 화성 탐사에도 불구하고 화성의 어두운 밴드Dark Bands가 무엇인지에 대한 해답은 찾을 수 없었다. 따라서 화성의 어두운 밴드에 대한 논란은 차츰 사그라졌다.

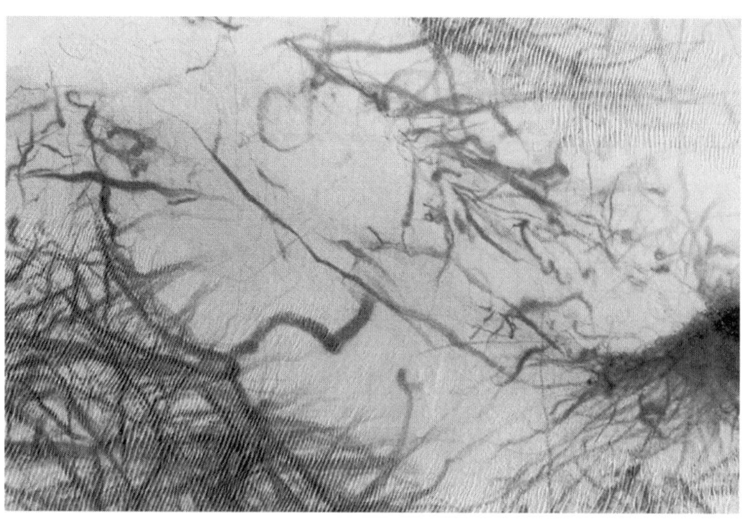

화성의 '먼지 악마'의 자취 화성의 48° S×43° W 근처에 있는 아기레(Argyre) 분지의 바닥에는 수많은 검은 줄이 보이고 있는데 이것은 '먼지 악마'의 경로에 의해 만들어졌다고 추측하고 있다.

오늘날에는 화성의 어두운 밴드가 화성에 부는 폭풍의 침식으로 인하여 생성된다는 사실이 알려져 있다. 1970년대에 바이킹이 임무를 수행하고 첫 번째로 보내 온 정보에 의하면, 화성 표면을 가로질러 강력한 '먼지 악마dust devils'가 일고 있고, 각기 다른 색깔의 암광석이 여러 종류 있으며, 어두운 화산기반이 보인다는 것을 알 수 있었다. 화성폭풍은 항상 빈번하게 일어나며 행성의 궤도가 태양 가까이 갈 때 더욱 자주 일어났다.

그리고 NASA의 화성 탐사 프로그램에 의해 1996년 11월 7일 발사된 우주선은 카메라에 화성 표면의 여러 가지 모습을 담았다. 그 화면에 의하면 화성은 얼음으로 덮여 있고, 모래바람에 의해 모래언덕이 형성되어 있으며, 거대한 '먼지 악마'가 행성의 표면 위 5마일(8킬로미터)까지 탑을 쌓고 있었다. 하지만 과학자들의 관심을 끈 화면이 하나 있었다. 바로 화성의 표면 위로 액체가 흘렀을 가능성이 포착된 것이다. 수분이 있다는 사실은 생명 존재의 가능성을 한층 높이는 증거가 된다. 현재 이 마지막 증거에 대해서는 아직 조사 중이다. 이 점은 화성 연구의 핵심 부분으로 남아 있다.

코스모스

1970년대 후반 PBS는 〈코스모스〉라는 획기적인 과학 미니시리즈를 제작했다. 과학자 칼 세이건의 명성에 빚을 지고 있는 이 시리즈는 BBC 방송의 작품인 〈인류의 상승The Ascent of Man〉에 대응하기 위해 만들어진 것이기도 하다.

〈코스모스〉를 제작한 목적은 TV를 통해 간단명료하게 과학 지식을 대중에게 소개하는 것이었는데, 천체물리학, 천문학, 우주론, 진화론, 분자생물학, 지구 너머의 생명 탐사와 같은 주제들을 주로 다루었다. 1시간짜리 13회분을 만드는 데 8백만 불의 제작비가 지원되었으며, 스폰서는 ARCO Atlantic Richfield Company(미국의 종합석유회사임), CPB(공공방송공사, Corporation for Public Broadcasting, 1967년 미국 공공방송법에 의해 '비상업적 방송'을 발전시키기 위해 발족한 기구로 비상업적 · 비정치적 조직으로 대통령이 임명한 15명의 이사로 구성된다), 그리고 AVDF Arthur Vining Davis Foundation였다. 세이건 자신이 설립한 프로덕션 회사인 칼 세이건 프로덕션과 캘리포니아의 KCET 공중파 텔레비전을 제쳐 놓고도 BBC와 WGPI West Germany's Polytel International가 공동 프로듀서로 참여했다.

이 프로그램의 원래 제목은 '우주 속의 인류Man in the Cosmos'였지만 세이건의 아내 앤이 성차별을 연상시키니(제목에 'Man'이 사용되기 때문에) 그냥 간단히 '코스모스'로 바꾸자고 제안했다. 이 쇼를 제작한 사람은 베테랑 제작자인 아드리안 말론으로, 〈인류의 상승〉과 〈불확실성의 시대〉The Age of Uncertainty를 제작한 경험이 있었다. 말론과 세이건은 영화 〈스타워즈〉의 특수효과 전문가와 NASA의 제트추진연구소 출신의 컴퓨터 그래픽 전문가를 고용했다.

〈코스모스〉의 촬영과 제작은 1979년에 시작되었다. 그동안 제작진들은 과학적 정확성과 사실의 검증을 위해 100명 이상의 다른 과학자들의 자문을 받았다. 1980년 9월, PBS는 첫 방송을 내보냈다. 다큐멘터리 프로그램에서는 특집이었고, 전례 없는 성공을 거두었다. 또한 주제 음악도 많은 인기를 끌었다. 대중에게 많은 사랑을 받은 이 곡은 반갈리스가 작곡한 것으로 '우주와 지옥'이라는 제목이 붙여졌다.

이 방송에서 세이건은 '상상의 배'라고 불렀던 우주선 모양으로 된 무대에서 이야기를 진행했다. 세이건은 배(우주선)의 수정을 조종하면서 우주의 바다를 항해하며 펄사, 퀘이사, 초신성 그리고 태양계의 행성들을 탐사하고 지구 너머 생명의 가능성에 대해 조사했다.

운도 따라 주었다. 1980년에 발생한 배우들의 파업으로 신설 프로그램을 만들기가 힘들었기 때문에 〈코스모스〉는 가을까지 재방영을 하는 행운을 쥐었던 것이다. 또 후에 에미상(텔레비전 예술과 과학의 진보에 공헌했기 때문에)과 피바디상(라디오, 텔레비전 그리고 케이블 방송을 포함한 전자매체를 통해 두드러진 성과를 이루었기 때문에)을 받게 된다. 이 프로그램은 60개국 이상에서 5억 이상의 사람들이 시청했다. PBS는 아직도 〈코스모스〉가 가장 성공적인 방송이었다고 생각하고 있다.

연 대 기

1934	뉴욕 브루클린에서 11월 9일 태어남
1939	뉴욕 세계 박람회를 방문함. 이때의 경험이 과학에 대한 그의 사고에 지대한 영향을 끼침
1951	장학금을 받고 시카고 대학에 들어감
1952~53	노벨상을 받은 미국의 유전학자 헤르만 뮬러와 헤럴드 유레이를 만나고 스튜어트 밀러와 밀러-유레이 실험을 배움. 이 일로 새로운 분야의 우주 생물학이 탄생함
1955	시카고 대학에서 물리학 학사 학위를 받음
1956	시카고 대학에서 물리학 석사학위를 받고 국립과학재단 예비박사 장학금을 받음
1959	NASA 특별위원회로 우주 프로그램에서 우주생물학 연구를 주도하는 회원이 되도록 요청 받음
1960	시카고 대학에서 천체물리학과와 천문학 박사학위를 받음
1962	하버드 대학에서 천문학 조교수로 학생들을 가르쳤으며 스미소니언 연구소에서 천체물리학을 연구함

1965	화성 탐사선 마리너 4호가 화성의 첫 사진을 보내 어느 종류의 식물도 없는 행성의 모습을 보여줌
1966	첫 비과학 부문의 책《행성》을 출간
1971	코넬 대학교에서 천문학 교수가 됨
1972	'지구로부터의 보내는 인사말'이 새겨진 금 각판을 실은 파이오니아 10호가 목성을 향해서 발사됨
1973	〈투나잇 쇼〉에 첫 출연하여 출간 예정인《우주 접속》의 발행에 속도를 붙임
1977	여름에 지구로부터 보내는 메시지가 담긴 금 도금된 레코드를 싣고 보이저호가 발사됨
1979	텔레비전 시리즈 〈코스모스〉의 촬영과 제작이 시작됨
1980	9월 28일 텔레비전 시리즈 〈코스모스〉가 방송을 탐. 루이스 프리드먼, 부르스 머레이와 함께 행성협회를 결성하고 초대 회장이 됨
1984	외계문명탐사(SETI) 연구소 설립을 도움
1994	골수병 진단을 받음
1996	12월 20일 워싱턴 시애틀에서 사망
1997	그의 책《10억과 10억》이 사후에 출간됨

"

아인슈타인 이후
가장 뛰어난 과학자,
스티븐 호킹!
그의 연구로 우주의 비밀이
밝혀지기 시작했다.

"

Chapter 10

우주의 비밀을 엿본 과학자,

스티븐 호킹

현대의 아인슈타인

스티븐 호킹은 영국의 이론물리학자로, 세계에서 가장 뛰어난 현대 과학자 가운데 한 사람이다. 많은 사람들은 호킹이 알베르트 아인슈타인 이래로 가장 뛰어난 과학자라고 생각하고 있다. 호킹은 자신이 앓고 있는 불치병인 신경성 근육위축증에도 불구하고 우주의 기원과 양자역학, 중력이론을 결합한 통일장이론, 물질과 에너지 간의 모든 기본 상호작용을 통합하는 선구적 연구를 이끌고 있다. 이 결합 이론은 호킹의 전공인 초기 우주의 우주모델 형성에 있어서 특히 중요한 자리를 차지한다. 호킹은 블랙홀의 존재를 증명하고 블랙홀의 증발을 포함하여 블랙홀의 특성을 기술하는 데 창시적인 발견을 했다. 또한 아마도 복잡한 우주론을 책과 영화 그리고 강연을 통하여 대중이 이해할 수 있게 한 일로도 가장 유명한 사람일 것이다.

블랙홀 강한 중력장으로 인해 빛을 포함하여 아무것도 탈출할 수 없는 시공간의 영역

너를 내
후계자로
임명하노라.

평범하지 않은 출생

스티븐 호킹은 1942년 1월 8일 영국 옥스퍼드에서 태어났다. 호킹이 태어난 해는 우연히도 이탈리아의 유명한 물리학자이자 천문학자인 갈릴레오 갈릴레이가 죽은 지 꼭 300주년이 되는 해였다. 스티븐의 아버지 프랭크 호킹은 열대병熱帶病 전문의였고 그의 어머니 이소벨은 결혼 전에 간호사로 일했다. 스티븐 호킹은 호킹 집안의 맏이였으며 매리와 필립파라는 두 명의 친누이와 양자로 들어온 형제 에드워드가 있었다.

1950년에 호킹은 가족과 함께 영국 남서쪽 허트포드셔에 있는 도시인 세인트 알반스로 이사했고, 1952년에 남자 사립학교인 세인트 알반스 사립학교에 입학했다. 호킹의 담당 교사들은 호킹이 매우 똑똑하지만 볼품없는 소년이라는 사실을 알게 되었다. 몸이 약하고 운동을 잘하지 못했으며 지독한 악필이었다. 하지만 성적만큼은 어느 학생에게도 뒤지지 않았다. 특히 수학에서 그랬다. 호킹이 어울리는 학생들은 학교에서 가장 명석한 아이들이었다. 그들은 함께 전자공학을 공부하고 모형 비행기로 실험하기를 좋아했으며 종교로부터 정치학에 이르기까지 지적 토론을 즐겼다. 호킹은 이러한 토론을 통해서 스스로 이성적인 논리에 강한 성향을 갖고 있음을 인식하기 시작한다. 이와 같은 재능은 훗날 호킹을 가장 빛나는 이론가가 되게 한다.

재능과 학문

호킹은 열네 살이 될 때까지 자신이 원했던 수학 공부를 계속하며 다른 학생들이 매우 어려워하는 수학 문제들에 대한 답을 재빨리 공식화하는 재능이 있다는 사실을 스스로 깨달았다. 호킹은 직관만 가지고도 방정식 문제를 풀 수 있었다.

지금까지 어떤 학생도 받지 못한 가장 높은 점수를 받았던 호킹은 1959년에 옥스퍼드 대학 입학시험을 치렀다. 그는 당시 자연과학으로 알려진 물리학을 공부할 요량이었지만 옥스퍼드 대학에는 수학 과정이 없었다.

호킹의 아버지는 스티븐이 화학과 의학 공부를 하기를 원했다. 하지만 호킹은 수학이 자신이 가장 잘할 수 있는 분야이며 자신이 사랑하는 분야라고 아버지를 설득했다. 시험과 인터뷰가 끝난 며칠 후 옥스퍼드 대학은 호킹의 입학을 받아들였고, 대학 장학금도 받게 되었다.

1962년 옥스퍼드 대학에서 물리학 학사 학위를 받은 뒤 호킹은 박사 학위 과정을 밟기 위하여 케임브리지 대학으로 옮겼다. 그곳에서 호킹은 우주론과 일반상대성이론을 연구하고자 했다. 그 분야는 거의 발전이 이루어지지 않았기 때문에 오히려 호킹의 마음을 끌어당겼다. 호킹의 희망은 당시 영국의 가장 저명한 천문학자인 프레드 호일 밑에서 공부하는 것이었다. 하지만 케임브리지 대학의 데니스 셔마 밑에서 공부하게 된 호킹에게 셔마는 최고의 과학자이며 동료였음이 판명되었다. 셔마는 호킹이 스스로 개척해 나갈 연구 분야를 찾도록 조언해 주었다.

셔마가 호킹이 적당한 연구 과제를 찾는 것보다 보다 특별한 어떤 것과 싸우고 있다는 사실을 발견하게 되는 데는 그리 오랜 시간이 걸리지 않았다.

비극, 비탄, 침체

1962년 12월, 호킹은 크리스마스를 보내기 위해 세인트 알반스의 집으로 돌아온다. 옥스퍼드에 머무르고 있는 동안 몸이 자꾸 약해지는 것을 느끼던 호킹은 자주 물건에 부딪혔고 일상적인 일, 예를 들어 구두를 신는 것과 같은 간단한 일을 하는데도 어려움을 겪기 시작했다. 호킹은 때때로 말을 할 때 단어를 빠뜨리기도 했는데 때로는 한두 음절씩 빠뜨렸으며 드물기는 하지만 세 음절씩 빠뜨리는 일도 있었다. 또 분명한 이유도 없이 땅에 넘어지기도 했다. 이런 징후들은 아주 천천히 조금씩 나타났기 때문에 호킹은 그다지 심각하게 받아들이지 않았다.

하지만 몇 달 만에 호킹과 재회한 부모님은 바로 그에게 일어난 변화를 알아차릴 수 있었다. 부모들은 곧 전문의와 진료 날짜를 잡았다.

모든 검사가 끝난 뒤 전문의는 청천벽력과 같은 진단을 내렸다. 호킹의 병은 도저히 치료가 불가능한 운동신경 질환인 '근위축성측삭경화증'이라는 것이었다. 이 병은 미국에서는 루게릭병이라는 이름으로 알려져 있다. 이 병의 이름은 1920~30년대에 뉴욕 양키즈의 야구선수로 활약하다 발병하여 1939년에 야구를 그만둔 선수의 이름에서 따온 것이다. 전문의는 호킹이 앞으로 2년밖에 살 수 없을 것이라는 암울한 소식을 전했다.

호킹은 깊은 절망에 빠져 들었다. 이제 어떻게 박사 학위를 마칠 수 있을까? 그는 심한 정신적 고통을 당했고 방황했다.

"어떻게 그렇게 지독한 불행을 만날 수 있을까?"

한동안 호킹은 마음의 문을 닫았고 오로지 바그너의 음악을 들으며 자신의 깊은 근심을 익사시키려 했다.

전환점

일단 병명이 밝혀지고 나자 호킹의 건강은 급속도로 악화되었다. 곧 호킹은 돌아다닐 때 지팡이에 의존하지 않을 수 없었다.

하지만 그에게 구원의 손길이 다가왔다. 구원은 그 자신의 몸속에서 삶에 대한 강한 의지로도 꿈틀거리기 시작했지만 여자 친구인 제인 윌데로부터도 왔다. 1962년 방학축제 때 부모 집에서 처음 만나 사귀게 된 후 두 사람은 결혼하기로 약속했다. 그리고 호킹은 그 전보다 더 낙천적으로 일하며 자신의 일상으로 되돌아오게 되었다.

호킹은 자신의 목표인 이학 박사 학위를 얻기 위하여 셔마 밑에서 학업에 매달리며 강의와 자유로운 토론으로 결론을 내리는 세미나에 참석했다. 또 그의 학부과정에서 공적으로 가장 중요한 프로젝트에 참가하게 되었다. 케임브리지에서 학생들의 연구는 결코 비밀리에 진행될 수가 없다. 호킹은 프레드 호일의 지도 학생 중 한 사람이었던 제이언트 날리카에 의해 수행된 호일의 우주의 기원에 관한 정상상태 학설에 대한 연구를 검토한 후 순전한 매혹으로부터 벗어나서 그 자신만의 이론을 만들기 시작한다. 호킹이 2002년 1월 〈플러스 매거진〉에 실은 논문 〈호두 껍데기 속의 60년〉에 의하면 정상상태우주론은 다음과 같다.

……우주가 팽창할 때 밀도가 평균적으로 일정해지도록 새로운 물질은 계속적으로 생성되었다. 정상상태우주론은 결코 강력한 이론적 근거가 될 수 없다. 왜냐하면 그것은 물질을 생성하기 위해서 음의 에너지 장을 요구하고 있기 때문이다. 이것은 물질과 음의 에너지 방출을 불안정하게 만든다. 그러나 그것은 관측자에 의해서 시험될 수 있는 명확한 예측을 한다는 점에서 과학이론으로서는 굉장한 장점을 갖는다.

호킹과 정상상태우주론에 얽힌 한 가지 기억할 만한 사건이 있다. 어느 날 호킹은 호일의 정상상태우주론 강연에 참석했다. 호일이 일반상대성이론과 일치하는 때 이른 수학적 모델을 발표하자 평소처럼 참석자들은 강연 후 토론을 시작했다. 과학자들로 가득한 방에서 호킹은 호일에게 아직 증명되지 않은 결과를 공표했다고 선언하면서 도전장을 던졌다. 정상상태우주에서 모든 물질의 영향은 그것의 질량을 무한대로 만든다는 주장이었다. 계속해서 호킹은 호일의 강연 전에 자신이 계산했던 수학적 발견들을 적으면서 바로 그것을 증명했다. 호킹의 이와 같은 발견은 굉장하게 받아들여졌고 호킹이 호일과 학문적으로 동등하다고 추켜세워졌다.

특이점 이론과 우주

20세기 과학자들의 마음 한구석에 있는 중요한 의문은 '우주에도 시작이 있는가?' 하는 것이다. 일반상대성이론에 의하면 그것이 반드시 있어야 한다고 하지만, 실제적인 증명을 하지는 못했다. 호킹은 킹스 칼리지의 강의에 정규적으로 출석했다. 영국의 수학자인 로저 펜로즈의 강의가 있은 후 블랙홀 한가운데에 있는 시공간의 **특이점**의 가능성을 토론했다. 호킹은 똑같은 **시공간**의 **특이점 이론**을 우주에 적

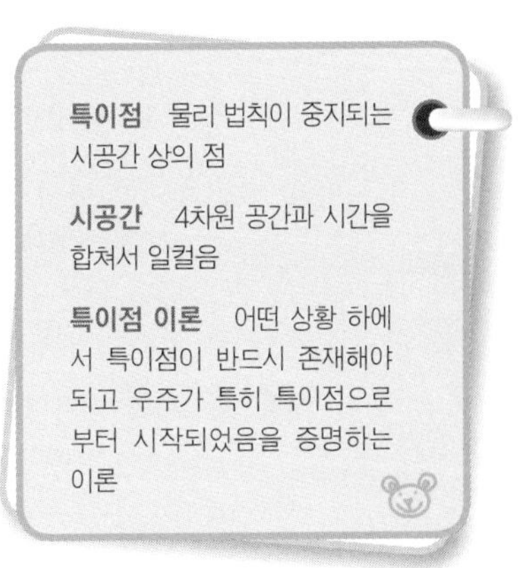

용하는 착상을 하기 시작했다. 이것은 쉬운 일이 아니었다. 그럼에도 호킹은 그것을 해냈다. 그는 결사적으로 자신의 학위논제를 수행할 어떤 것을 찾고 있었기 때문이다. 그의 학위논문의 마지막 부분은 일반적인 물리학 법칙이 더 이상 적용될 수 없는, 시간과 공간이 붕괴되는 특이점 이론이 우주에 적용되는 것에 대하여 기술하고 있다.

1965년에 그는 이론물리학 박사 학위를 받았다. 그로부터 얼마 후 제인과 결혼해 로버트, 루시 그리고 티모시가 태어났다.

같은 해 케임브리지와 건빌레 카이우스 대학은 호킹에게 연구 장학금을 수여했다. 이때까지 호킹은 의사가 예측한 수명을 넘어 여전히 연구에 몰두하고 있었다. 그렇지만 그의 건강은 계속 나빠지는 중이었다. 그는 더 이상 손으로 글을 쓸 수가 없었다. 그리고 그의 말은 점점 더 알아들을 수가 없었다. 호킹은 자신의 상태를 극복할 수 있는 방법을 찾기 위해 노력했다.

1965년 12월, 마이애미에서 열린 상대성이론 회합에 참석한 호킹은 그곳에서 자신의 특이점 이론에 관한 대중강연을 하기로 했다. 호킹의 입이 되어 주기로 약속한 오랜 친구 조지 엘리스의 도움으로 호킹의 강연은 저명한 물리학자들로부터 높은 평판을 얻었다. 명성 있는 물리학자로서의 그의 평판은 더욱 확고해졌다.

블랙홀 이론

1973년에 호킹은 건빌레 카이우스 대학을 떠나 케임브리지 대학의 응용수학 및 이론물리학과DAMPT에 소속되었다. 같은 해에 호킹은 동료 조지 엘리스와 공동연구의 산물인 〈시공간 구조의 거시 척도〉를 발표한다. 이 시기의 호킹은 휠체어에 의지해야 했지만 이러한 처지가 호킹의 연구를 방해하지는 못했다. 그가 연구를 하는 데 있어 가장 중요한 도구는 바로 그의 마음과 의지였다. 그 밖에 그가 필요로 하는 것들은 휠체어에 부착되었다. 나중에는 컴퓨터로 목소리를 내는 장치까지 갖추게 되었다.

호킹이 기여한 또 다른 중요한 분야는 블랙홀에 대한 연구이다(블

랙홀이라는 용어는 1969년 미국 이론물리학자 존 휠러가 처음으로 사용했다). '검은 별'. 다시 말해 빛나지 않는 별의 존재가 거론된 것은 약 200년이 되었다. 처음 문제를 제기한 사람은 1796년 프랑스 과학자 피에르 시몬 라플라스였다. 당시 빛은 입자라고 생각했으므로 빛도 중력의 영향을 받아야 한다는 점에서 거론된 것이었다. 라플라스는 질량이 너무 큰 별은 빛을 방출하기에 너무 무거울 것이라고 생각했으며 우주에서 가장 큰 천체는 보이지 않을 것이라고 주장했다.

아무것도 탈출할 수 없는 블랙홀의 경계를 '사건의 지평선'이라고 부른다. 한동안 모든 빛과 물질은 사건의 지평선 속으로 떨어지고, 블랙홀 속으로 떨어진 것은 영원히 나오지 않는다고 생각했다. 하지만 1970년대 초에 호킹은 그렇지 않다는 것을 증명해 보였다. 블랙홀은 사실 방출한다는 것이다. 호킹은 블랙홀이 입자를 방출하므로 질량을 잃고 결국 증발하게 된다고 이론화했다. 그는 이 이론을 3가지 매우 다른 물리학의 영역을 결합하여 얻었다. 중력과 거시적인 것을 다루는 상대성이론, 입자와 미시적인 것을 다루는 양자역학, 그리고 열을 다루는 이론인 열역학을 하나의 이론으로 만든 것이다.

호킹의 발견은 과학자들이 지난 50년 동안 물리학의 독립된 분야로 발전해 온 분야를 하나로 통합할 수 있는 가능성을 제공했다. 호킹은 또한 빅뱅이론, 블랙홀이 양자택일의 시발점(별의 붕괴와는 다른)이 될 수 있고 또 크기가 변할 수 있음을 내세웠다. 호킹 이전의 과학자들이 가진 일반적인 생각은, 거대한 블랙홀은 죽은 별의 질량이 너무 커서 중성자별이 그 자체 중력에 의해 붕괴하여 생성된다고 생각했다.

호킹은 우주의 빅뱅 팽창은 물질을 압축하여 약 10^5g 정도로 작은 블랙홀을 만들 수 있다고 제안했다.

처음에 많은 과학자들은 블랙홀의 성질에 관한 호킹의 발견을 널리 받아들이지 않았다. 과학학회를 통해서 광범위한 반론이 있었다. 결국 그 논쟁은 점차 수용하게 되었다. 블랙홀에 의해 방사된 복사는 호킹 복사라 알려지게 되었다. 1965년 처음 확인되었던 백조자리 X-1은 1978년 아인슈타인 천문위성에 의해 첫 번째로 유력한 블랙홀 후보로 확인되었다.

우주론 스타

과학기술이 급속히 발전하는 세상에서 스티븐 호킹의 이름은 혁신적인 우주론과 블랙홀에 대한 신비스럽고 호기심을 끄는 이슈와 동의어가 되어 가고 있었다. 그의 재능에 대한 인식은 빠르게 퍼져나갔다.

1974년 3월, 호킹은 영국왕립학회 최연소 과학자로 선출되었다. 1975년과 1976년 사이에는 과학에 대한 그의 업적으로 왕립천문학회에서 주는 에딩턴 메달, 바티칸 교황과학학회에서 주는 피우스 XI 메달, 케임브리지 철학학회에서 주는 윌리엄 홉킨스 상, 영국왕립학회에서 주는 휴즈 메달, 대니 하이네만 상, 그리고 맥스웰 상 등 여섯 개의 상을 받았다.

1977년 케임브리지는 호킹을 위해, 그가 케임브리지 대학에 있는 한 언제까지나 유효한 중력물리학 특별 석좌직을 만든다. 1978년에 호킹은 물리학 통일이론에 기여한 공로로 루이스와 로즈 스트라우스 기념재단이 수여하는 알베르트 아인슈타인 세계 과학상을 받는다. 그리고 1979년 호킹의 생애에서 하이라이트의 하나인 케임브리지 대학의 루카스 교수가 된다. 이것은 1664년 영국의 수학자인 아이작 배로우가 처음 영예를 얻었고, 영국의 물리학자인 아이작 뉴턴이 1669년에 얻었던 최고 영예직이다.

교수직에 대한 의무와 그의 유명세에 따른 여행의 부담을 지고 있었지만, 호킹은 그의 이론 연구를 계속 수행하게 된다. 1981년 호킹은 마틴 로섹과 함께 《초공간과 초중력Superspace and Supergravity》이라는 우주론 책을 출간한다. 1981년 12월 엘리자베스 2세 영국 여왕은 호킹에게 대영제국총사령관이라는 칭호를 부여한다.

1983년 호킹은 기번, 실코스 등과 함께 빅뱅을 난해한 용어로 설명하는 《아주 초기의 우주The Very Early Universe》라는 책을 출간한다. 그동안 뉴욕 대학, 노트르담 대학, 프린스턴 대학, 그리고 영국 라이세스터 대학은 각각 호킹에게 명예 과학박사 학위를 수여한다. 그리고 1983년 BBC(영국 방송협회)는 〈호라이즌Horizon〉이라는 프로그램에서 호킹이 케임브리지에서 활동하고 있는 모습을 소개한다. 호킹은 유명세를 타는 것을 즐겼다.

시간의 간략한 역사

《아주 초기의 우주The Very Early Universe》가 출간되고 얼마 되지 않아서 호킹은 일반 대중에게 어필하는 우주론에 관한 책을 쓰기로 결정한다. 책의 제목은 《시간의 간략한 역사: 빅뱅에서 블랙홀까지A Brief History of Time: From the Big Bang to Black Holes》였다. 하지만 1985년 이 책의 마지막 원고는 예기치 않게 늦어지게 된다. 당시 스위스 제네바에 있는 CERN(유럽핵 공동 연구소)을 방문하던 중 그는 폐렴에 걸려 심하게 앓은 후 케임브리지 대학의 아덴브룩 병원으로 실려 간다. 그곳에서 외과의사들은 호킹의 편도선 절제 수술을 했다. 이 수술로 인해 호킹은 목숨을 건지지만 목소리를 더 이상 쓸 수 없게 된다. 이후 호킹은 휠체어에 손가락으로 내리는 명령에 따라 말을 합성하는 작은 컴퓨터를 연결하게 된다. 이것은 호킹에게는 불편한 일이었지만 호킹과 대화를 하는 데 어려움을 겪었던 사람들에게는 오히려 훨씬 다행스러운 일이었다. 호킹이 언어 합성기를 사용하기 전에는 사람들은 그에 최대한 가까이 다가가야만 그의 말을 이해할 수 있었었기 때문이다.

1988년 마침내 호킹의 《시간의 간략한 역사》가 출간된다. 이 책은 234주간 〈뉴욕 타임스〉의 베스트셀러 목록에 올라 있었다. 이 책에서 호킹은 알려진 우주론들을 모든 미해결된 논쟁점들과 함께 깊이 파고드는 한편 양자역학, 열역학, 그리고 일반상대성이론을 통합하는 문제를 다루고 있다. 그러나 이 책의 뚜렷한 특성은 우주론에 흥미를 가진 평균적인 독자들도 그의 이론과 수학을 이해하는 것이 가능하도록 씌었다는 점이다. 《시간의 간략한 역사》는 오늘날까지도 가장 잘 팔리는 책 중의 하나로 남아 있다.

과학 아이콘

호킹의 일생은 무수한 다큐멘터리의 주제가 되었다. 예를 들어, 그는 1990년 영국 국영 텔레비전 학회상을 받은 BBC 프로그램 〈우주의 거장〉의 초점이 되었다. 또한 미국 ABC 방송의 〈20/20〉에도 등장한다. 그러는 동안에도 호킹의 상복은 그치지 않았다. 1988년 호킹과 로저 펜로즈는 블랙홀에 대한 연구 공로로 이스라엘 울프재단상을 받는다. 그리고 1989년에는 영국 여왕 엘리자베스 2세가 '명예의 동행자Companion of Honor'라는 칭호를 내린다. 같은 해 호킹은 케임브리지 대학으로부터 명예과학박사상을 받는다. 이것은 매우 커다란 영예로 같은 대학 교수로서 이 상을 받는 것은 극히 드문 일이었다.

1990년 저명한 미국 영화제작자 에롤 모리스는 호킹의 책 제목과 같은 '시간의 간략한 역사'라는 제목으로 호킹의 생애에 관한 특별 텔레비전 프로그램을 제작하여 1991년에 방영한다. 그 프로그램은 80분짜리 필름으로 호킹과 그의 친밀한 가족, 이웃, 교우, 교수 그리고 동료 과학자들의 인터뷰를 담고 있다. 이 필름은 그의 일생의 업인 물리학보다는 호킹이라는 인물 그 자체에 초점이 맞추어져 있었다.

1991년 여름 호킹은 아내와 이혼한다. 호킹은 그로부터 2년 후 《블랙홀과 아기 우주》라는 제목이 붙은 에세이집을 출간한다. 이 책에서 호킹은 그 자신의 사생활과 천체물리학자의 단면을 담아내고 있다. 호킹은 1995년 다시 그의 오랜 간호사였던 엘레인 메이슨과 결혼한다.

물리학의 종말을 요구하다

1990년대 중반까지 호킹의 연구 초점은 '웜홀'이라고 알려진 시공간 터널과 시간여행이 가능한가 하는 질문에 치우친다. 시간여행에 대한 기대는 캘리포니아 공과대학의 이론학자인 킵 손에 의해 제기되었다. 손과 그의 동료들은, 일반상대성이론은 두 개의 블랙홀을 연결하는 우주의 통로로서 웜홀과 같은 특별한 형태의 가능성을 허용한다고 주장했다. 그래서 수학적으로 물질이 웜홀 속으로 여행하면 잠정적으로 우주의 다른 부분에 있는 다른 끝에 도달하는 것이 가능하다고 내세웠다. 다시 말해서 손은 시간여행이 불가능하다는 특별한 증거는 어디에도 없다고 주장했다.

호킹은 이에 대하여 분명한 질문을 던졌다. 만일 그것이 진정으로 가능하다면 왜 미래의 여행자들이 현재로 와서 우리에게 가르침을 주지 않느냐고.

1996년 호킹은 《그림이 있는 시간의 역사》를 출간했다. 제목은 비슷하지만 그가 1988년에 출간했던 《시간의 간략한 역사》와는 매우 다른 책이었다. 이 책은 240장 이상의 컬러 그림과 이미지를 담고 있다. 그리고 하나의 완전히 다른 장을 포함하고 있는데, 그것은 웜홀과 시간여행을 둘러싼 고전적 패러독스에 대해 토론을 하는 것이었다.

호킹이 가장 최근에 펴낸 책은 2001년에 출간된 《호두 껍데기 속의 우주》이다. 호킹은 이 책을 매우 특별하게 편집했는데, 첫 번째 장이나 두 번째 장을 읽고 내용을 이해했다면, 다음에 이어지는 장에 얽매이지 않고 얼마든지 다른 장을 펼칠 수 있도록 배열했다.

호킹은 애정이 깊고 가정적인 사람이었지만, 과학에 대한 연구는 일생 동안 호킹을 놓아 주지 않았다. 그리고 현재 호킹은 우주론 연구를 통해 얻은 수입을 내기에 거는 즐거움에 빠져 있다.

1997년 호킹과 손은 캘리포니아 공과대학의 이론가 론 프레스킬이, 블랙홀은 데이터를 방출하지 않고 단지 열복사를 할 뿐이라고 주장한 것에 대해서 내기를 걸었다. 그리고 내기의 패자는 승자가 요구하는 백과사전을 주기로 했다. 2004년 아일랜드 더블린에서 일반상대성이론에 관한 국제 컨퍼런스 기간 동안 호킹은 블랙홀이 열 방출뿐만 아니라 데이터도 방출한다는 사실을 발견했다고 선언하며, 자신의 패배를 인정했다. 그는 블랙홀에 대한 특별한 형태의 경로 적분을 수행했을 때 데이터는 잃어버리지 않았으며 그 대신에 '가시' 지평선을 통하여 탈출한다고 설명했다. 이것은 진짜 사건 지평선의 부적당한 형성 때문에 존재한다고 풀이했다. 비록 호킹은 내기에 졌지만 그의 연구는 통일장이론을 향한 또 다른 발걸음을 내디뎠다.

과학에 바쳐진 삶은 결코 순조롭지 않다. 특히 스티븐 호킹이 대면한 것과 같이 일상적인 고통을 뛰어넘는 도전과 직면할 때는 더욱 그렇다. 역설적이게도 호킹은 자신의 몸이 불편했기 때문에 다른 과학자들보다 생각할 시간이 훨씬 많았다고 말하고는 한다. 우주의 탄생에 관한 답에 대한 질문은 스티븐 호킹이 거둔 성공의 모티브가 되어 왔고, 어쩌면 그것이 의사가 그에게 선고한 시한부 생명을 뛰어넘어 수십 년을 살아가게 하고 있는지도 모른다.

그는 자신의 재능을 우주의 모든 것을 설명하는 과학적 이론을 밝혀내는 데 헌정했다. 그리고 그는 새로운 이론과 발견의 일부분이 되는 일을 계속하고 있다.

호킹은 양자역학과 일반상대이론을 혼합하여 우주가 어떻게 시작되었는지 확실한 증거를 찾아내려는 목표로 통일중력양자이론을 지지하여 고전물리학의 죽음을 요구하고 있다.

호킹의 연구의 복잡함을 완전히 이해하는 사람은 별로 없다. 그럼에도 그는 다른 방법으로는 불가능한 것을 수많은 사람들에게 기술하는 데 성공하고 있다. 그 자체로도 대단한 업적이다. 그의 과학적 업적과 문학적 기여 덕분에 수많은 사람들은 언제가 호킹을 통하여, 또 다른 미래의 과학 선구자에 의하여 우주의 비밀이 분명히 밝혀지기를 희망한다.

빅뱅이론

1927년 벨기에의 천문학자 조지 르메트르는 처음으로 팽창하는 우주에 대한 이론을 발표했다. '원시 원자'라는 제목이 붙은 논문에서 르메트르는 시간을 거꾸로 여행하면 은하들은 가까워지고 우주는 결국 하나의 원자로 압축된다고 설명했다. 이 원자의 폭발이 우주의 팽창과 우주의 성장을 초래했다는 것이다. 몇 년 후 미국 천문학자 에드윈 허블Edwin Hubble은 멀리 있는 은하들이 우리로부터 떨어진 거리에 비례해서 모든 방향으로 멀어진다는 르메트를 지지하는 증거를 발견했다. 관측되는 은하들 대다수에서 나타나는 이와 같은 팽창은 아득한 과거 어느 때 우주가 매우 가까웠음을 의미한다.

케임브리지 대학의 프레드 호일 교수는 1950년 〈우주의 성질The Nature of the Universe〉이라는 BBC 라디오 방송 프로그램에 출연하여 팽창하는 우주라는 개념에 대해 비꼬는 조크로 처음으로 빅뱅이라는 용어를 사용하고 그의 정상상태이론을 보다 매력적으로 만든다. 놀랍게도 그 용어가 정곡을 찔렀다.

빅뱅이론에 의하면 대략 150억 년 전에는 우주도 공간도 시간도 존재하지 않았다고 한다. 그리고 무한히 밀도가 높고 측정할 수 없을 만큼 뜨거운 한 점(특이점)으로부터 폭발이 일어나 물질, 에너지 그리고 공간과 시간이 생겨났다고 주장한다. 우주의 입자들은 엄청난 비율로 팽창하기 시작했고 1초도 안 되는 시간에 우주는 수백 배로 커졌다. 그리고 우주는 폭발이 일어난 지 3분 만에 온도가 급격히 내려가면서 양성자와 중성자가 원자를 만들 수 있을 만큼 느려졌다. 그리고 한참 후에 은하가 형성되었으며 우주는 팽창을 계속하여 현재의 크기와 상태가 되었다는 것이다. 우주는 영원히 팽창을 계속할 수도 있고 또 다른 빅뱅으로 수축할 수도 있다.

일반상대성이론

1915년 물리학자 알베르트 아인슈타인은 그가 일찍이 내세웠던 특수상대성이론을 확장한 일반상대성이론을 처음으로 제안했다. 일반상대성이론은 비록 수학적으로 복잡했지만 등가성이라 불리는 하나의 원리에 기초를 두고 있다. 등가성이란 간단히 말해서 수학적으로 기술할 때 중력가속이 역학적인 가속과 구별할 수 없다는 것이다. 예를 들어, 우주 공간의 우주비행사가 우주선 속에서 가속된다면 우주비행사는 몸의 무게를 느낄 수 있다는 것이다. 인식된 무게는 가속의 정도에 따라 달라진다. 만일 로켓이 중력에 의해 지구중력 가속도와 같은 비율로 가속된다면 그 우주비행사는 지구에서와 똑같은 무게가 된다. 일반상대성이론은 또한 빛이 별과 같이 무거운 질량 근처에서 휠 것이라 예측한다. 1919년에 과학자들은 일반상대성이론을 처음으로 검증하는 실험을 했다. 그들은 빛의 경로가 태양의 중력장에 의해 휘어진다는 것을 증명함으로써 정확하게 수성이 태양을 통과하는 시간을 예측했다.

호킹은 자신의 특이점 연구를 계속했다. 호킹은 1966년에 〈이점과 시공간 기하학〉이라는 에세이를 써서 케임브리지 대학에서 가장 훌륭한 수학 상인 아담스 상을 수상하게 된다. 이때까지 호킹은 현재 런던에 있는 버벡 대학의 수학교수인 로저 펜로즈와 공동 연구를 했다. 그들은 우주가 특이점으로부터 시작했다는 자신들의 이론을 증명하는 데 도움이 되는 계산을 수행하기 위해서 새로운 수학 기술을 고안해내는 작업을 한다. 그들의 결합된 재능은 빅뱅이론이라고 알려져 있는 것에 관한 믿을 만한 자료들을 도출해냈다.

1970년에 호킹과 펜로즈는 일반상대성이론이 사실이고 우주가 팽창한다는 것이 사실이라면 특이점은 우주탄생 초기에 발생한다는 것을 증명한 〈중력붕괴와 우주론의 특이점〉이라는 빅뱅이론을 지지하는 논문을 발표한다.

연 대 기

1942	영국 옥스퍼드에서 1월 8일 태어남
1959	옥스퍼드 대학에 장학금을 받고 입학함
1962	옥스퍼드에서 물리학 학사학위를 취득하고, 우주론을 연구하기 위하여 케임브리지 대학에 입학함
1963	운동신경 질환인 근위축성측삭경화증 진단을 받음
1965	이론물리학 박사학위를 받음. 케임브리지 대학에서 건빌과 카이우스 연구장학금을 수혜함. 제인 윌데와 결혼
1966	〈특이점과 시공간 기하학〉이라는 수필을 써서 아담스 수학상을 수상
1970	빅뱅이 특이점으로부터 시작되었음을 증명한 《중력붕괴와 우주론》을 로저 펜로즈와 함께 출간
1973	케임브리지 대학의 수학 및 이론 물리학과에 들어감. 일반상대성이론, 양자 물리학, 그리고 열역학으로부터 시작되는 이론을 적용하여 블랙홀 이 방출한다는 것을 처음으로 증명함
1974	런던왕립학회 회원이 됨
1975~76	6개의 상을 수상함. 에딩턴 메달, 피우스 9세 메달, 윌리엄 홉킨스 상, 대니 하이네만 상, 맥스웰 상, 그리고 휴즈 메달을 수상함
1977	케임브리지 대학은 오로지 호킹을 위하여 중력 물리학 특별 교수직을 만듦

1978	유력한 블랙홀의 첫 번째 후보인 백조자리 X-1 이 HEAO-2 (고에너지 천문 위성)에 의해 찍힘. 세계의 첫 번째 x-선 우주망원경. 호킹은 물리학 통일에 대한 업적으로 알베르트 아인슈타인 상을 수상함
1979	케임브리지 대학의 루카스 수학 교수직에 임명됨
1981	마틴 로섹과 우주론을 다룬 책인《초공간과 초중력》을 출간. 왕립 CBE(대영제국의 사령관) 상을 수상함
1983	기번스, 실코스와 함께 빅뱅이론를 기술한《아주 초기의 우주》를 출간
1985	급성폐렴에 감염됨. 이로 인해 영원히 목소리를 잃어버림
1988	우주론에 관심이 있는 일반 독자들을 대상으로 한《시간의 간략한 역사: 빅뱅에서 블랙홀까지》를 출간. 이 책으로 대중적인 유명세를 얻음.
1989	영국의 엘리자베스 2세 여왕으로부터 명예훈작을 받음
1991	호킹에 관한 다큐멘터리 〈시간의 간략한 역사〉 제작. 아내 제인과 이혼
1992	국립과학아카데미에 선출됨
1993	천체물리학과 자서전적 내용을 포함한《블랙홀과 아기 우주》 출간
1995	엘레인 마손과 결혼
1996	시간여행을 다룬《그림이 있는 시간의 간략한 역사》를 출간
2001	우주의 탄생과 일생을 다룬《호두 껍데기 속의 우주》를 출간
2004	블랙홀이 실제로 데이터를 방출한다는 것을 보인 존 프레스킬에 대하여 킵손과 내기에 졌음을 인정

과학자의 길이란 과연 무엇일까? 〈천재들의 과학노트〉 시리즈를 번역하면서 이러한 질문을 떠올렸다. 이 책은 천문학 혁명의 불을 댕겼던 코페르니쿠스로부터 시작하여 현대 천문학의 최전선에서 블랙홀을 연구하는 호킹에 이르기까지 우주의 신비를 풀어 가는 과학자들의 알려지지 않은 일생을 전기 형식으로 소개하고 있다.

그 첫 번째 등장인물인 코페르니쿠스는 중세로부터 이어오던 기존의 우주관을 뒤집고 새로운 우주관을 제시한 천문학자다. 코페르니쿠스는 외삼촌의 손에 이끌려 처음에 성직자의 길을 가기 위해 신학 공부를 시작하지만 신부가 되기 위해 부수적으로 공부했던 천문학에 마음이 끌리게 된다. 코페르니쿠스는 그 동안 진리라고 믿어 왔던 프톨레마이오스의 우주체계(천동설)에 여러 가지 허점이 있음을 알게 되면서 이를 바로잡아 보고자 우주체계에 대한 연구를 시작한다. 하지만 그 결과는 뜻밖에도 기존의 우주관을 송두리째 바꾸어 놓는 일이 된다. 프라우엔 교구의 수사신부였던 코페르니쿠스는 교회의 가르침과 정반대로 나온 연구결과를 책으로 발표할 것인가 말 것인가를 두고 많은 번민을 거듭한다. 코페르니쿠스는 마침내 비밀리에 책을 집필하기 시작한다. 결국 책은 출간되지만 책의 출간과 동시에 코페르니쿠스는 생을 마감하고 역사 속으로 사라진다.

코페르니쿠스가 남겨 놓은 새로운 우주관은 대부분의 사람들에게 받아들여질 수 없는 우주관이었다. 하지만 소수의 통찰력 있는 사람들에게는 깊은 인상을 주었다. 하지만 코페르니쿠스의 우주체계에도 여전히 풀리지 않는 의문과 허점이 남아 있었기 때문에 과학적 논쟁의 대상이 된다. 이러한 혼돈의 시기에 중요한 역할을 담당했던 사람이 있었으니, 그가 바로 티코 브라헤다.

티코 브라헤는 덴마크의 부유한 명문 귀족 출신이었지만 집안의 반대를 무릅쓰고 운명처럼 천문학자의 길을 걷게 된다. 티코가 부유하고 명망 있는 집안 출신이라는 배경은 천문학 연구에 많은 도움이 되기도 했다. 티코는 코페르니쿠스 체계를 믿지 않았다. 그는 코페르니쿠스 체계나 프톨레마이오스 체계 모두가 실제 관측과는 거리가 있음을 알고 일생을 천문관측에 몰두하게 된다. 티코 브라헤는 스스로 새로운 우주체계를 세우려는 열망을 가지고 있었다. 티코의 꿈은 결국 실패로 끝나지만 그는 결코 실패한 것이 아니었다. 왜냐하면 그는 망원경이 발명되기 직전에 천문학 관측을 이끌며 새로운 시대를 여는 중요한 디딤돌을 놓았기 때문이다. 그는 점성학 수준에 머물던 천문학을 과학으로 바꾸는 결정적 역할을 하였다. 그는 천문학 연구를 위해서는 체계적이고 지속적인 천문관측을 필요로 한다는 사실을 몸소 보여 줌으로써 천문학에 대한 일반의 인식을 바꾸어 놓았다.

코페르니쿠스의 지동설은 통찰력이 있는 학자들의 관심을 끌었지만 그들 대부분은 그것을 마음속으로 믿을지언정 드러내 놓고 주장하지는 못하였다. 이러한 시기에 지동설의 전도사 역할을 떠맡고 나선 사람이 갈릴레오 갈릴레이이다. 갈릴레이가 지동설에 대한 확신을 갖게 된 것은 때마침 발명된 망원경 덕분이었다. 망원경은 인간의 눈을 수백 배 이상 밝게 해 주었다. 망원경을 통해서 보면 어두워서 보이지 않던 천체들이 보이고, 또 멀리 있어서 희미하게 보이던 현상들을 보다 뚜렷이 볼 수 있었다.

어떤 의미에서는 천문학 혁명의 불씨를 살려 간 것은 망원경 덕분이었다고 할 수 있을 것이다. 갈릴레이는 망원경으로 우주를 관측하여 지동설이 옳다는 것을 확신하게 되는 여러 가지 증거들을 발견한다. 그는 망원경으로 관측한 사실들을 바탕으로 책을 쓰고 지동설을 적극적으로 옹호한다. 하지만 이 일로 인해 갈릴레오는 종교재판을 받고 이단자로 몰린다. 다행히 화형은 면하지만 말년을 가택연금 상태에서 보내게 된다. 새로운 시대가 열리고 있었지만 아직 세상의 편견의 벽은 높았던 것이다.

갈릴레이가 한 일은 지동설을 주장한 것이 전부가 아니었다. 갈릴레이가 한 가장 중요한 일은 과학의 새로운 주춧돌을 놓은 것이다. 그때까지만 해도 과학자들과 철학자들은 어떤 과학이론이 옳고 그르다는 판단은 논리에 기초한 논쟁을 통해서 판가름해야 한다고 생각해 왔다. 하지만 갈릴레이는 과학적 진위의 여부는 자연의 관찰과 실험을 통해 검증해야 한다고 주장한다. 다시 말해, 어떤 과학이론이 옳고 그름은 상식이나 논리 또는 종교적 가르침에 의해서 좌우되어서는 안 되고 오로지 과학실험을 통해서 판별되어야 한다는 것이다.

티코 브라헤는 뛰어난 천문학자였다. 그는 당대에 가장 뛰어난 관측천문학자였지만 뛰어난 수학자는 아니었다. 티코는 일생 동안 수많은 관측을 하고 자료를 모았지만 스스로 그 자료를 해석하고 어떤 우주체계가 옳은지 판별하지는 못했다. 수학적 재능이 뛰어난 그 누군가의 도움을 필요로 하고 있었다. 그 일을 맡게 된 사람이 바로 요하네스 케플러다.

케플러 역시 처음부터 천문학의 길로 들어선 사람이 아니었다. 케플러는 개신교 성직자가 되는 것이 생의 목표였지만 그의 운명은 코페르니쿠스주의에 끌리게 되면서 뒤바뀌게 된다. 케플러가 살던 당시는 신교와 구교 사이의 갈등이 극에 달하던 때였다. 케플러는 종교분쟁의 최대 피해자였다. 케플러는 신교도였는데 종교분쟁으로 학교에서 쫓겨나는가 하면 조국을 떠나야만 하기도 했다. 또 마녀로 몰린 어머니를 구하기 위해 백방으로 애쓰기도 했다. 하지만 이와 같이 거듭되는 시련도 케플러의 길을 가로막지는 못했다. 케플러는 티코 브라헤를 만남으로써 자신의 재능을 활짝 꽃피우게 된다. 티코 브라헤 역시 케플러를 만남으로 인해 자신의 일생에 걸친 연구가 헛되지 않게 되었다.

그들 두 사람의 만남은 결코 우연이 아니었다. 케플러는 독일 사람이고 티코 브라헤는 덴마크 사람이었다. 그들은 자칫 서로 어긋날 뻔하기도 했다. 하지만 그들은 서로 다른 시련을 통해서 운명처럼 만나게 된다. 한 사람은 종교적 탄압을 피해서, 또 다른 한 사람은 방탕함으로 인해 조국을 떠나 다른 나라에서 서로 만나게 된다. 그들이 만나서 함께 일하게 된 것은 불과 18개월에 불과했다. 하지만 그것으로 충분했다. 케플러는 티코의 관측 자료를 바탕으로 거의 20년에 걸친 노력 끝에 행성의 운동 속에 숨어 있던 법칙을 발견해낸다. 이후부터 천문학은 점성학 수준에서 완전한 과학으로 자리매김하게 된다. 케플러의 노력으로 고대로부터 풀리지 않고 의문에 쌓여 있던 행성의 운동이 명확하게 설명이 되고, 또 앞으로의 위치를 정확하게 예측할 수 있게 되었다. (케플러는 행성운동의 원인을 설명하지 못했지만 이 일은 뉴턴에 의해서 완성된다. 이 책에서는 뉴턴 이야기가 빠져 있지만 뉴턴의 이야기는 물리학 편에서 다루고 있으니 그 부분을 참조하기 바란다.)

다시 이야기는 바뀌어 천문학 발전에 대한 이야기로 넘어간다. 망원경은 천문학 발전에 엄청난 영향을 끼친 최고의 숨은 공로자라고 할 수 있다. 망원경 기술의 발전에 있어서 중요한 역할을 한 천문학자로 윌리엄 허셸을 들 수 있다. 허셸은 당시 어느 누구보다도 큰 망원경을 만들어 우주를 관측하여 당시까지 알려져 있던 5행성(지구를 포함하면 6행성) 너머에 또 다른 행성이 있음을 밝혔다. 새로운 행성의 발견으로 갑자기 태양계의 크기가 배 이상으로 커지게 되었다. 이 일은 단순히 태양계의 크기를 넓혀 놓은 것만이 아니라 사람들의 인식, 다시 말해서 우주에 대한 고정관념을 다시 크게 바꾸어 놓는 계기가 되었다. 허셸은 다시 한 걸음 더 나아가 우리 태양계를 포함하는 은하계의 존재를 밝혔고 별들이 정지되어 있는 것이 아니라 고유 운동을 하고 있음을 알아냈다. 허셸 이후에 우주에 대한 인식은 더욱 급속히 확대되어 나가게 된다.

마침내 20세기에 이르러서는 지구에서 우주를 관측하는 것만이 아니라 인간이 우주를 향해 나가는 꿈을 꾸는 사람들이 나타나게 되었다. 고다드는 우주여행을 실현하기 위해 지구 인력권을 벗어나 우주로 날아가는 로켓 개발에 몰두한다. 하지만 고다드의 선구적인 연구는 사람들에게 이해되지 못했다. 그는 불가능한 일에 도전하는 사람으로 비쳐지고 로켓 발사 실험으로 생겨나는 폭음과 실패로 인한 폭발사고는 사람들에게 불안을 야기시켜 그를 위험한 사람으로 인식하게 만들었다. 게다가 로켓 개발에는 막대한 자금 지원이 필요하여 어려움을 겪는다. 이런 어려운 여건 속에서도 고다드는 여러 가지 선구적인 업적을 이루지만 행성 간 로켓을 개발하는 마지막 단계에서 수많은 실패를 거듭한 끝에 로켓 개발의 꿈을 접고 만다.

하지만 고다드가 이루지 못한 꿈은 결코 사라지지 않았다. 고다드의 꿈은 독일의 물리학자 폰 브라운에 의해서 마침내 실현된다. 폰 브라운 역시 고다드 못지않게 로켓 개발에 대한 열정을 품고 있었다. 그런데 폰 브라운이 개발한 로켓은 군인과 정치가의 야심에 의해 전쟁무기로 사용되어 제2차 세계대전의 종전과 함께 폰 브라운은 시련의 시기를 맞게 된다. 하지만 그는 어려운 시기를 잘 견뎌내고 마침내 지구의 인력을 벗어나 달을 탐사하는 우주선을 추진시킬 로켓 개발에 성공한다. 폰 브라운의 성공은 당시 미국과 소련 간에 벌어진 체제경쟁 덕분이기도 했다. 미국 정부가 소련과의 우주개발 경쟁에 이기기 위하여 전폭적인 재정적 지원을 했기 때문이었다. 화성으로 인류를 보내려던 폰 브라운의 꿈은 아직 이루어지지 않았지만 금세기 내에 그 꿈은 실현되게 될 것이다.

이렇게 우주의 신비가 하나둘씩 풀려 가는 동안 여전히 남아 있는 궁금증은 우주 안의 생명에 대한 것이다. 망원경의 발전과 우주탐사에 힘입어 우주를 보는 눈은 확장되고 우주의 크기도 덩달아 커져 왔다. 여기서 생겨나는 필연적 의문이 있다. 그것은 과연 드넓은 우주에 생명체는 지구에만 있는 것일까 하는 것이다. 지구 밖에 다른 생명체가 존재하지 않을

까? 태양계 내의 다른 행성이나 위성에서 생명체의 흔적을 찾을 수는 없을까? 생명이 존재하기 위한 조건은 무엇일까? 공기가 희박하고 뜨거운 고온과 같은 열악한 환경 속에서 생명체는 살아갈 수 없는 것일까? 그런 곳에 생명체가 있다면 지구의 생명체와는 전혀 다른 생명체가 되지 않을까? 사람들의 관심을 우주와 우주 생명체 탐사에 흥미를 갖도록 돌려 놓는 데 중요한 역할을 담당했던 사람은 칼 세이건이다. 그는 TV 시대에 맞는 천문학의 홍보대사였다. 칼 세이건의 등장으로 인해 천문학은 어렵고 딱딱함을 벗어나 친근하고 흥미로운 관심의 대상이 되었다. 우리 역시 그와 함께했기에 우주가 더 신비로웠다. 우주 생명체에 대한 연구는 이제 시작에 불과하다. 우리는 아직 우주 생명체의 흔적을 찾지 못하고 있다.

우주에 대한 의문이 풀려 갈수록 우리는 더욱 심오한 질문을 떠올리게 된다. 우주의 더욱 깊은 곳에 숨겨져 있는 비밀은 무엇일까? 우주는 어떻게 생겨났고 어떠한 종말을 맞이하게 될 것인가? 우주의 시초와 운명을 연구하는 분야는 현대 천문학의 최전선이며 갈수록 난해해지기만 하는 연구 분야라고 할 수 있다. 호킹은 바로 이러한 분야의 연구를 이끌고 있다. 수많은 과학자들이 호킹의 연구결과에 관심과 촉각을 곤두세우고 있다. 하지만 호킹은 비단 과학자들의 관심 대상만이 아니라 우리 모두의 관심 대상이다. 그는 과학의 난해한 이론을 쉽고 친절하게 풀어 주기 때문이다. 우주는 넓고 아직도 풀어야 할 수많은 호기심이 남아 있다. 호킹이 이 모든 의문을 다 풀어 주지는 못할 것이다. 따라서 〈천재들의 과학노트〉는 앞으로 나타날 제이, 제삼의 스티븐 호킹을 기다리고 있다.